農業フロンティア

越境するネクストファーマーズ

川内イオ

文春新書
1336

はじめに

電力会社や建設会社の社員、広告代理店の経営者、産業用機械とロボットのエンジニア、ＮＧＯ職員、民俗学者、仏画師、市場の牡蠣《かき》売り……。これらは、本書の登場者が農業に携わる前に就いていた職業、あるいは現在も兼業している職業の一部である。ほかに、大学を中退して農業に就いた人、大学院で遺伝子について研究していた人もいる。登場者の性別と国籍の内訳は日本人男性６人、日本人女性３人、外国人男性２人で、本書はそれぞれの大胆でユニークな取り組みを取材し、レポートしたものだ。

こうして書き出してみると、農業という仕事の懐の深さと大きなポテンシャルを感じる。学歴もキャリアも、性別も国籍も関係ない。農業というフィールドに立てば、みな平等。そこからどういうアプローチをするのかも、自由。やる気、根気、勇気、そして閃《ひらめ》きさえあれば、日本、そして世界で勝負ができる。そんな仕事がほかにあるだろうか？

さまざまな境界を越えて

本書は、２年前の２０１９年10月に出版した『農業新時代 ネクストファーマーズの挑戦』の続編である。この第一弾は、発売当初から予想を超える反響があり、今回の第二弾につながった。

本書のテーマは、「越境」。国境を越えて外国に行くというイメージが強いが、「農業のグローバル化」を問いたいわけではない。越境という言葉を検索してみると「境界を越えること」とある（精選版 日本国語大辞典）。冒頭には職業的な「越境」を記したが、それ以外にもさまざまな境界を越えて農業に挑む11人が登場する。どんな人たちなのか、一部を紹介しよう。

例えば、本文一番手の加藤百合子さんは東大卒のエンジニアでＮＡＳＡのプロジェクトに参加したこともある課題解決のプロ。静岡の産業機械メーカーの研究職に就いていた時は、出産育児をしながらわずか2年で、毎年数十億の売り上げを叩き出すアルゴリズムを独自に開発した。

しかし、ふたり目の子どもを妊娠し、産休に入ってゆっくり考える時間ができた時に、もともと環境問題や食糧危機に関心があり、農業を志していたことを思い出し、間もなく起業。生産者、物流会社、行政などを巻き込んで、地産地消を促し、地域に小さな経済圏を作る新しい流通網「やさいバス」を生み出した。彼女の場合、職業的な越境だけでなく、業界を越えた取り組みで新風を吹き込んでいる。

海の向こうから日本にやって来たのは、由緒あるお寺の家に生まれ、仏画師をしていたネパール人のダルマ・ラマさん。日本人の妻との結婚を機に来日し、富山で仏画師として活動していたが、たまたま出会った小松菜生産者から明るく穏やかな性格や手先の器用さを買われて、すべてを引き継ぐことになった。その後、イチから農業を学び、見事に事業を拡大して、農業で母国と富山をつなぐビジネスも始めている。詳しくは本文を読んでほしいが、彼の場合、特筆すべきは日本で職を得た後、故郷に「日本の働き方」を輸出していることだ。

その発想力に驚かされたのは、京都おぶぶ茶苑の副代表、松本靖治さん。元建設会社のエンジニアで、個人トレーダーでもある松本さんが考案した「茶畑オーナー制度」は、農業におけるサブスクリプションモデルの先駆けだ。さらに、インターンという言葉が定着するだいぶ前の２０１２年には外国人インターンを受け入れ、彼らの意見を取り入れた外国人観光客向けのティーツアーは、参加者が年間１５００人を超える人気になった。生産者は農作物をシンプルに売るだけという常識を覆《くつがえ》す存在である。

日本の食卓を支える高齢者

なんとなくイメージは伝わっただろうか？　産業規模が８・９兆円に達する農業という広大なフィールドは課題が山積みで、日々深刻化している。そのなかで彼ら、彼女らは機転を利《き》かせ、それまで誰もやってこなかったことにチャンスを見出し、すべてを懸けた。その姿はまるで、荒野に挑む開拓者のようだ。

　そう、日本の農業は今、新たな開拓時代に突入していると言ってもいいだろう。戦後、農業界を効率よく動かすために作られた従来のシステムや慣習は経年劣化して、維持するのが難しくなってきている。その現実は、数字に表れている。

　例えば、自営業で農業に従事している人の数は、２０１５年の１７５万７０００人から２０２０年には39万４０００人減少し、１３６万３０００人になった。神奈川の横須賀市や大阪の豊中市の人口に匹敵する数の人たちが、この5年で農業から離れたことになる。とんでもない数だ。

その主な要因とされているのが、高齢化。一般企業では２０２５年４月より定年が65歳に引き上げられるが、農業界の平均年齢は67・８歳で、65歳以上の割合が69・６％を占める。全国のおじいちゃん、おばあちゃんが豪雨でも、酷暑でも、寒波が来ても農作業を続けることで、日本の食卓を支えているのだ。

高齢者におんぶにだっこの危機的状況から脱するため、農林水産省は「２０２３年までに40代以下の農業従事者を40万人に拡大」する目標を掲げ、新規就農時の資金面のサポートなどを行ってきた。しかし、毎年だいたい６万人弱いる新規就農者のなかで、49歳以下の世代は直近６年をみると２０１５年の２万３０００人をピークに減り続け、２０２０年は１万８４００人にとどまっている。率直に言って、国を挙げたラブコールは40代以下の世代に届いていない。

新規就農者の75・5％が「食っていけない」

それではなぜ、若い世代が増えないのか。いくつかの要因が考えられるが、大きな理由として「稼げない」という現実がある。日本では２０２０年の時点で農業経営体が１０７万６０００あり、そのうち家族経営（個人経営体）が１０３万７０００。ということは、

96％が家族経営にあたる。そして、家族経営の農家における1時間あたりの所得、簡単にいうと1時間でどれだけ稼げるかという金額は、平均７２２円（２０１５年のデータ）。ちなみに、２０２０年の最低賃金は最も金額が低い県でも７９２円……現実は厳しい。

２０１７年に発表された調査では、就農10年以内の新規参入者２２６５人に就農後の農業所得を聞いたところ、「生計が成り立っていない」と答えた人が75・５％にのぼった（一般社団法人全国農業会議所 全国新規就農相談センター「新規就農者の就農実態に関する調査結果―平成28年度―」）。１００人いたら75人が「食えない！」と訴えているのである。

後を継ぐ者がいないから、耕作放棄地も増え続ける。１９９５年に24・４万ヘクタールだった耕作放棄地は、２０１５年に42・３万ヘクタールとほぼ倍増した。これは富山県とほぼ同じ広さにあたる。さらに、耕作放棄地とは別に、作物の栽培が実質的に不可能とみなされた「荒廃農地」もあり、こちらは28・４万ヘクタール（２０１９年）で神奈川県よりも広い。富山県と神奈川県が草ぼうぼうの無人の空き地で、それが年々広がっていると想像してみてほしい。

人手不足は、外国人で補ってきた。厚生労働省「『外国人雇用状況』の届出状況まとめ」によると、「農業、林業」における外国人労働者数は右肩上がりに増えており、２０

12年の1万6435人から、2020年には農業のみで3万8208人と2・3倍になっていて、そのうちの9割を、技能実習生が占めている（農林水産省「農業分野における新たな外国人材の受入れについて」）。

技能実習生を受け入れる目的としては「技能移転を通じた開発途上国への国際協力」を掲げているが、これは理想論。長時間労働、低賃金、差別など様々な問題の温床になっているのは、各種メディアで報じられている通りである。また、コロナ禍で技能実習生が来日できなかったために、生産に影響が出るという報道がいくつもあった。これは技能実習生への依存である。

こういったネガティブな情報を見ると、読者は「もうお腹いっぱい」と思うかもしれないが、ここに挙げたのは今の農業が抱える問題の一部に過ぎず、深掘りすればきりがない。

しかし、見方を変えればこの疲弊して硬直化した農業界だからこそ、チャレンジがしやすい環境になっているとも言える。行政も既存の生産者たちも「このままじゃ、ダメだ」と危機感を抱いているから、新規参入者へのサポート体制は手厚い。よそ者にも、目新しい取り組みにも、寛容になり始めている。生産、流通、販売も、いまだに昔ながらのやり方が主流だから、現代的な手法でカイゼンするだけで収益性が高まる余地がある。応援されながら「出る杭」になり、打たれるどころか注目されるのが今の農業界。だから今、本書に登場する11人を含めて、意志ある開拓者たちが続々と農業に参入しているのだ。

紡がれる未来

本書のもうひとつのテーマは「継承」である。例えば、野口農園の野口憲一さんは、父親が作る蓮根の味を信じて１本５０００円の値段をつけた。カンボジアで胡椒を作るクラタペッパーの倉田浩伸さんは、病床にある大伯父から受け取ったカンボジアの資料でヒントを得た。ムスカの串間充崇さんの切り札であるスーパーイエバエは、「親父以上に親父」と表現する小林一年さんから託されたもの。ダルマさんは事業承継する際、小松菜の栽培技術だけでなく従業員も引き受けた。ブータンにサステナブルな養鶏メソッドを輸出するみやぎ農園では、会長の宮城盛彦さんが築いた事業を娘婿の小田哲也さんが拡大。佐渡島に住むフランスの天才醸造家、ジャンマルク・ブリニョさんは、耕作放棄地が増えて悲しむ高齢者の姿を見て、一緒にブドウを作ろうと考えた。

直接的、間接的にさまざまな形での「継承」があって、今のビジネスにつながっているのだ。これは、連綿と続く歴史のなかで、地に足をつけて営まれてきた農業だからこそだろう。なんのバックグラウンドも持たない新規参入者であっても、先人の知恵や言葉を胸に、子どもや孫の世代を意識して事業を展開しているのは変わらない。そしてその想いは、血縁や地縁を越えて目指す未来と志を共有した者に受け継がれていく。そう考えれば、「継承」もまた越境の物語なのかもしれない。

本書に登場するネクストファーマーズが、世間一般的な意味で「成功」を収めるのか、僕にはわからない。まだ規模の小さな彼らの取り組みが、農業衰退の大波に飲みこまれてしまうかもしれない。それでも僕は、日本の農業に希望を見出している。なぜなら、本書に収録したかった越境者、開拓者がほかにも大勢いるからだ。明らかに、前著を執筆していた2年前よりも農業界は活気づいている。多様な人たちが集い、知恵を絞っている業界の未来は明るいと信じたい。それに、農業の取材で「今さえよければいい」「自分だけが儲かればいい」と考えている近視眼的、利己的な人に会ったことがない。それは、僕が農業に惹かれた大きな理由のひとつだ。

前著で、「日本の農業に明るい未来はあるか？」と問われたら、「その種は、蒔かれている」と答えると書いた。今、同じ質問をされたら、こう伝える。「希望の種が、芽吹き始めている」と。

農業フロンティア　越境するネクストファーマーズ◎目次

分野を越える

農業×他業界の知見＝チャンス

やさいバス&農業ロボ

・課題解決に有効なエンジニア思考
・企業も注目する「流通のムダ」
・工業界の部品集配方式でムダ解消
・既存技術を応用した農業ロボット

美容トマト

・販路開拓に必要な営業ノウハウ
・専門知識が不要の栽培システム
・女性が活躍する職場の作り方
・煩雑な作業はＩＣＴ機器に任せる

東大発ＮＡＳＡ経由　やさいバスとロボットで「境界」を溶かす

エムスクエア・ラボ　加藤百合子

課題だらけの「おもちゃ箱」

銀行の支店、電器店、郵便局……。ここ１、２年、一部の地域で「食」とは無関係なところに野菜を満載したトラックが巡回してくるようになった。そのきっかけになったのが、「やさいバス」だ。

やさいバスは２０１７年３月に設立された農業物流ベンチャーの社名であり、同社が展開するサービス名でもある。詳しくは後述するが、簡単に仕組みを紹介しよう。ひとつの地域にいくつかのバス停があり、バスと呼ばれる保冷車はそのルートを巡回している。生産者がその日の朝に採れたばかりの野菜を農地に近いバス停に持ち込むと、そのバスは町なかにあるバス停に向かう。そこでは、地元の飲食店や小売店の人たちが待っていて、予め注文していた野菜を受け取り、持ち帰る。バス停はさまざまな場所にあり、銀行の支店、電器店、郵便局もそのひとつ。それぞれの企業や組織がやさいバスと提携していて、地元野菜の中継地点となったり、自ら野菜を仕入れて販売したりしている。

サービス開始から4年、静岡から始まったやさいバスの導入先は長野、茨城、神奈川、広島、千葉、愛知、高知にまで拡がり、自治体からの問い合わせは引きも切らない。2009年に「農業シンク&アクションタンク」を掲げてエムスクエア・ラボを創業し、やさいバスの発案者でもある加藤百合子は、自信をのぞかせる。

異色のキャリアを歩んできた加藤さん

「この勢いだと、恐らく5年後には全都道府県に導入されていると思います」

なぜ、やさいバスがこれほど支持されるのか。背景には、従来の農業物流の非効率性と配送のコスト高という大きな課題がある。この課題に対して、いくつもの地域で小さな物流革命を起こして大きな渦巻にしようとしているのが加藤。異色のキャリアを歩む彼女の趣味と特技は、「課題を見つけ、それを解くこと」だ。

「農業は、おもちゃ箱みたいです。課題だらけで、それを解決するにはＡＩとか最先端のものを使わなくてもよくて、でもすごく幅広い知識と知恵が必要だからひとりではなにもできなくて。家族には『どうせ飽きるんでしょ』って何度も言われてますけど、飽きてる暇はないですね。どんどん課題はやってくるし、思ったようにいかないし。大変だけど、毎日ワクワクしてます」

　爽やかな笑みを浮かべてそう話す加藤の歩みは多彩だ。東京大学農学部でロボットアームの研究をした後、航空宇宙工学やＭＢＡで有名なイギリスのトップ校、クランフィールド大学で「スプリンクラーロボット」を作って、10カ月で修士号を取得。アメリカに渡って「宇宙ステーションで植物を生産する」ＮＡＳＡのプロジェクトメンバーになるも、６カ月で離脱。日本に帰国してキヤノンで1年働いたのち、静岡の産業機械メーカーの研究職に。出産、育児をしながらわずか2年で、毎年数十億の売り上げを叩き出すアルゴリズムを独自に開発した。２００９年にエムスクエア・ラボを立ち上げてからは農業に携わり、２０２０年には農業つながりで関係を深めた自動車メーカー・スズキの社外取締役に就任している。

このプロフィールを見れば、いかにユニークな人生を歩んできたかわかるだろう。大学や企業で研究者をしていてもおかしくない彼女が農業のベンチャーを立ち上げて、なにを目指すのか？

『沈黙の春』とドラえもん

加藤は1974年、千葉の鎌ヶ谷市で生まれた。両親から「勉強をしなさい」と言われたことはなかったが、「制服がかわいい」という理由で中学受験を決め、名門のお嬢様学校に進学した。

この時の受験勉強がきっかけで数学が楽しくなり、中学では数学以外の授業中にも数学の問題を解きまくった。ある時、それが教師に見つかり、「そんなことやってるなら、お前が教えろ！」と怒鳴られると、「こんなつまんない学校やめてやる！」と、中学2年生の1学期で退学。地元の公立中学校に編入し、高校は難関の慶應義塾女子高校に進んだ。

とにかく数学が好きで、難題になればなるほど燃えていた中高生時代に出会ったのが、計算だけでは解けない環境問題だった。農薬や殺虫剤など化学物質の危険性を訴えた『沈黙の春』(レイチェル・カーソン著)などを読み、彗星衝突による壊滅的な環境変化が描かれた映画『ドラえもん のび太と竜の騎士』などを観て、もともと怖がりの加藤は怯《おび》えた。

「ちょうど人口爆発や温暖化が危ないと言われ始めた時期で、情報がいろいろ入ってきたんですよね。森林開発で酸素が減って、二酸化炭素が増えてすごく暑くなる、食糧難になっちゃうとか言われていて。そういう話を見たり聞いたりしているうちに、本当に素直に『なんとかしなきゃ生きていけなくなっちゃう』と思ったんです」

それ以来、少しでも地球環境への負荷を減らそうと、ノート代わりにチラシの裏紙を使うようになった女子高生は、将来、人類の危機を救うために農業や環境について学ぼうと考えた。しかし、同級生の大半が進学する慶應大学には当時、該当する学部が存在しなかった。そこで1年間浪人して、東京大学農学部に進学した。

大学で学ぶうちに、食糧危機を救うロボットの活用に興味を持ち、農業機械の研究室に入った。そこでは、雑草を見極めて焼き切る機能を持つロボットアームの開発に携わった。

「めちゃめちゃ楽しかったですね! 校舎は本郷なので、自転車で秋葉原に部品の調達に行くんですよ。最初は右も左もわからないんですけど、だんだんアキバ通になりました(笑)。自分が思い描いていた理論を制御ボックスのなかに実装してその通り動かすというのは、実際にやってみるとほんと面白いんです」

農業×ロボットの楽しさに目覚めた加藤は、東大卒業後の１９９８年９月、イギリスのクランフィールド大学の大学院に進学。環境保全と生産性を両立させるためにテクノロジーを活用するプレシジョン・ファーミング（精密農業）を学んだ。

そこで加藤が取り組んだテーマは、「スプリンクラーロボット」。イギリスは常に西から東に偏西風が吹いているので、スプリンクラーで撒《ま》いた水が風に流されて西側に行き届かないという課題があった。そこで均一に水を撒くためのロボットを考案し、実際に製造した。

「大学でエレクトロニクスは勉強したし、数学は得意だったので制御ロジックはできる。でも、それを図面に起こしてメカとして実装しなければいけない。そこはまったく未経験だったから、いろいろ大変でした」

スプリンクラーの開発途中、大学院の教授からＮＡＳＡのプロジェクトを紹介された。それは「宇宙ステーションで植物を生産し続けるためのシステム開発」で、加藤が高校時代から懸念していた食糧危機の対策としても応用できるものだった。このプロジェクトに参加するためには、翌年９月にアメリカにいる必要がある。そこで加藤は、土日も研究を続けてスプリンクラーロボットを完成させ、修士論文を書き上げ、査読も受けて、10カ月で修士号を取得。1999年9月、NASAのプロジェクトメンバーの一員として、ニュージャージー州立ラトガース大学の研究員に就いた。

NASAから日本へ

このプロジェクトでは「食料を切らさずに生産するプロセスをJava（プログラミング言語のひとつ）で組む」という課題を与えられた。加藤は月々20万円ほどの給料をもらいながら研究に勤《いそ》しんだ。当初は「NASAのプロジェクトに関わりながら3、4年かけてドクター（博士号）を取ろう」と考えていたそうだ。

ところが、プロジェクトがスタートしてわずか3カ月後、ラトガース大学でNASAのプロジェクトを取り仕切っていた著名な教授が突然移籍。この教授のもとで学ぶことを楽しみにしていた加藤は、がっかりしてしまう。イギリスで知り合って付き合い始めた日本人の彼氏はすでに日本に帰国していて、寂しさが募っていたこともあり、加藤はプロジェクトからの離脱を決意し、翌春、日本に戻ることにした。

とはいえ、家族に「アメリカで頑張る！」と宣言した手前、なんの成果もなく半年ほどで帰国するのは心苦しい。そこで、日本の企業4社に現地からメールを送り、就職できないか問い合わせた。そのうち、2社は「こんな年末に言われても」と門前払いされたが、キヤノンともう1社は帰国後に面接をしてくれた。両社から採用通知を受け、「グローバルな仕事ができそう」とキヤノンに入社した。

キヤノンでは同時期に入社する高専卒や大卒の新入社員と同じ扱いで、一緒に研修した後、SoC（System on a Chip）の検証をする部署に配属された。平たく言えば、集積回路が正確に動くかを調べる仕事だ。これも「めちゃくちゃ面白かった」そうだが、結婚を機に1年で退職。夫が住む静岡県菊川市に転居した。キヤノンをあっさり辞めたのは、夫の親族が静岡で産業機械メーカーを経営していて、そこで研究職として働けるという理由もあった。その会社がメインで作っているのは「減速機」で、加藤によると「その形状は数学の塊」。また数学ができる！　とワクワクしながら、静岡で働き始めた。

自由を与えられた加藤は、自分で設計した制御装置を自ら組み上げては実験を繰り返し、わずか2年で年間数十億の売り上げを出す機構を完成させた。その間に第一子を生んでいるので、実質的には1年数ヵ月。社内では「本当にできると思いませんでした」と驚嘆されたという。

「数学の塊」に挑む仕事は充実していたが、ふたり目の子どもを妊娠し、産休に入ってゆっくり考える時間ができた時に、ふと思った。私、本当はなにがしたかったんだっけ？

「２０００年に日本に帰国してから就職、結婚、転職、出産、子育てとバタバタして、目の前のことに追われていたけど、私はもともと環境問題、食糧危機のことをやりたかったんだって思い出したんです。静岡では大量生産を助長するような産業機械を作っていたので、これって母親である私がする仕事なのかな？　と疑問を感じて。その時に、そうだよ農業じゃん、農業やりたかったんだよ、私は！　って（笑）」

４００人の生産者を取材して気づいたこと

なにごとも決断が早い加藤は、タイヤを鳴らして急ハンドルを切るように方向転換。２００７年、第二子を出産してから間もなくして退職すると、静岡大学が開設している「静岡農業ビジネス起業人育成講座」を受講した。大学や大学院では「勉強」がメインで、実際の農業についてなにも知らず、生産者の知り合いすらいないと気づいて、イチから農業を学ぼうと考えてのことだった。

週に一度、３～４時間の授業で、クラスメートは約20名。３分の１は生産者、３分の１

は農業に関係する企業の社員、３分の１は農業に関心のある加藤のような一般人だった。週に一度の授業とその前後のクラスメートとの会話は、目からウロコの発見と気づきの連続で、そのうちにこう感じるようになった。

「農業界にほかの業界の知識と知恵が入る、農家さんが持っている知識と知恵がほかの産業に提供されるという相互交流がないことが、農業の最も大きな課題なんじゃない？」

目の前に浮上した、新たな課題。しかも今度は、高校時代からずっと意識してきた農業だ。奮い立った加藤は２００９年10月、起業した。社名のエムスクエア・ラボのエムスクエアとは「Mの二乗」を意味し、母親の視点で事業を行う「ママラボ」という想いが込められている。会社のコンセプトは「開け！　日本の農業」だった。

その年の11月、加藤は農産物の売買、農機具の貸借、農作業の受託・委託をマッチングする会員制サイト「わいファーム」を立ち上げた。これが、いきなりズッコケた。「ニーズがあるものを作れば、自然とユーザーも増えていくだろう」という新米経営者にありがちな甘い考えに陥り、どう認知を広げ、どう会員を増やすかという策がなかったのである。サイトオープンから数カ月間、「売り上げゼロ」が続いて、半年で閉鎖した。

しかし、彼女の志と行動力を評価して手を差し伸べる人がいた。静岡県庁の職員から

「そんなに農業に興味があって一生懸命やるなら、提案ちょうだい」と声を掛けられたのだ。そこで「海外では日本の農産物のニーズがある」と仮定し、「静岡県内の生産者を取材して5カ国語に翻訳し、世界に向けて発信する」という事業を企画。これが静岡県の補助事業（２０１０年度緊急雇用対策事業）に採択され、２０１０年7月、静岡の農業情報メディア「アグリグラフジャパン」をオープンさせた。

雇用対策事業なので7人を雇用し、県内およそ４００人の生産者を取材して、毎日10本の記事を掲載した。その記事を、英語、中国語、フランス語、韓国語、ポルトガル語に翻訳。これが加藤も驚くほどの反響を呼び、世界中から問い合わせや注文が届くようになった。

2年続けたこのメディア事業が、次の大きなヒントをくれた。取材に出向く7人に対して、加藤は「困りごと、悩みごとを聞いてきてほしい」と依頼していた。それが４００人分たまった時に最も多かったのが、「自分たちが作る農作物が世の中でどう評価されているのかわからなくて、悶々としている」という言葉だった。大半の生産者は農産物をＪＡ（農業協同組合／農協）に卸《おろ》していた。ＪＡは地域の作物を大量に集め、業者を通してスーパーなどに販売するため、生産者は自分の野菜を誰が食べて、どう思っているのか知ることができない構造になっているのだ。

日本の経済成長、人口増加の過程で大量生産、安定供給を実現するために整えられたこの流通構造は、食のインフラである。しかし、努力して質の高い野菜を作っても、そのほかの平均的な野菜と同じ価格で引き取られたり、納めた野菜の行き先もわからないことでやる気のある生産者のモチベーションを挫《くじ》くという副作用もあり、農業の大きな課題のひとつとして、加藤の頭のなかのメモに刻まれた。

「流通をもっときれいに整えないと」

メディア事業を手掛けていた時、加藤は静岡に総菜を作る大きな工場を持つ大手食品会社の担当者から相談を受けた。同社は商社を通して野菜を購入していたのだが、工場に届く野菜が入っている箱には「静岡」と書いてあるのに、一度東京に運ばれてから送られるため収穫から日数が経っていて、鮮度が低かった。あまりの効率の悪さから、その担当者は「アグリグラフジャパン」の運営で生産者とつながっていた加藤に「直接仕入れられないか？」と持ち掛けたのだ。

これも、農業流通の課題のひとつだった。一般的な流れとして、ＪＡなどの出荷団体が地域の生産者から農作物を集めて市場に卸し、そこにいる「仲卸」と呼ばれる業者を通してスーパーなどの小売業者に販売、店頭に並ぶ。ＪＡ、市場、仲卸がマージン（手数料）を取り、さらに小売業者も利益を得る必要があるから、販売価格は高くなる。生産者の手取りは販売価格の30～40％程度と言われているから、店頭価格が１００円なら30～40円、視点を変えれば、流通の過程で最大70％も価格に上乗せされているのだ。しかも、収穫からスーパーなどの店頭に並ぶまでに３、４日かかるため、鮮度も落ちる。

もうひとつ、ほとんどの農作物が一度、東京などの一大消費地に運ばれて、そこから各地に配送されるため、非効率だった。前出の大手食品会社の担当者が指摘するように、静岡県産の野菜が農協を通して東京に出荷され、中間業者を通して静岡の食品加工場に送り返されている。静岡に工場があるのだから、静岡の生産者から直接買い取れば中間の手数料も不要で、鮮度のいい野菜が安く手に入るというわけだ。もちろん生産者も、直接取引で収入が増える。

食品会社と生産者、どちらにもメリットが大きいと判断した加藤は、生産者と地元の卸業者に声をかけ、野菜を総菜工場に卸す事業をスタートさせた。それが、思いのほか好評だった。中間業者を通していた時は「総菜として使える野菜が7割もあれば奇跡」とされていた工場で、７割以上の野菜が平均的に使えるようになったのだ。いつも大量のしなびた野菜を捨てざるを得なかった従業員も、廃棄する野菜が減ったと喜んでいると報告を受け、加藤は手ごたえを得た。

　その矢先に、事件が起きる。一緒に事業をしていた地元の卸業者が倒産し、売掛金が回収できなくなってしまったのだ。この時、生産者への支払いをすべて自社で負担した加藤は、「流通をもっときれいに整えないとみんなが幸せにならない」と、次の課題に狙いを定めた。そして２０１２年春、生産者と青果店や飲食店などの法人をマッチングする「ベジプロバイダー」事業を立ち上げた。これは、単に売り手と買い手をつなげて手数料を取るシステムではない。

「人類は農業を発明して、ようやく安定した生活ができるようになりました。現代人も、食糧を生産してくれる人たちと共同で生きていかなきゃ、うまくいかないんですよ。だから、農家さんの側に立って営業代行をきちっとやろうというところから始めました。マッチングなので、購入希望者は農家さんに会ってもらい、お互いの気が合えば取引をしてもらうという流れです」

　マッチングが成立してから、エムスクエア・ラボの本格的な仕事が始まる。農作物の生産状況や希望価格を把握しながら、飲食店や青果店のニーズも聞き取り、両者にとって負担のない納期や量、価格を調整する役割も担うのだ。このアイデアは高く評価され、日本政策投資銀行第1回女性新ビジネスプランコンペティションで女性起業大賞を受賞している。

第3の選択肢「やさいバス」

加藤は1年目、赤字をものともせずにマッチングに注力した。すると、地元で採れたばかりの新鮮な野菜のおいしさが評判になり、2年目に入るとユーザーである飲食店のリピーターが増えたり、青果店の売り上げが伸びるという目に見える効果が出てきた。それによって取扱量と利用者が増加し、3年目には生産者が約100人、購買者が約100社になり、黒字化した。

ところが、2014年にヤマト運輸が大幅に値上げしたことで、新たに物流コストの高騰という課題が生まれた。JAのシステムから離れ、生産者がダイレクトに野菜を売ろうとすると、配送費が立ちはだかる。1000円分の野菜を送るのに同額の配送料がかかるとして、それを気にせずに注文する人はどれぐらいいるだろう?

この当時、生産者にとっては、ＪＡの巨大な物流網に乗せるか、購入者に高額の配送料を負担してもらうかというふたつの選択肢しかなかった。そこで、目の前の課題を放っておけない加藤が動き出した。同年、もうひとつの選択肢を作ろうと物流会社、総菜会社、生産者、行政などに声をかけて協議会を設立し、これまでにない物流を提案した。農地や商業施設、新聞店などにバス停を設け、そこに生産者が野菜を持ち込む。購入者はバス停で野菜を受け取り、自分で持ち帰る。「やさいバス」の原点だ。

実際に運行しているやさいバス
（写真提供：エムスクエア・ラボ）

このアイデアに対し、静岡県が「やってみましょう」と前に進めることを決め、２０１６年秋から1年間、「野菜集配バス」の実証実験が行われた。すると、実証実験が終わる頃になって、再びヤマト運輸が値上げを発表。加藤はこのタイミングしかない！　と、２０１７年3月、「やさいバス株式会社」を設立し、自ら代表に就いた。

ここで、やさいバスの仕組みを説明しよう。まず、参加する生産者は自分の作物に売りたい値段をつける。そして、システム利用料として出荷額の15%をやさいバスに支払う。先述したようにＪＡを通すと手取りは30〜40%だが、やさいバスを利用すると85%に跳ね上がる（現在の利用料は地域によって異なり、11〜15%）。

買い手である小売店や飲食店は、購入したい野菜を事前に指定し、コンテナ１箱につき３５０円の送料を負担する。１品だけでも、コンテナに満載しても同額だ。一番のメリットは、鮮度。やさいバスの場合、収穫当日か翌日には手に入るため、地元の野菜であることに加えて、採りたての鮮度をアピールすることができるのだ。

バスのルートと到着時間は決まっていて、生産者、購入者のどちらも時間に合わせてバス停に足を運ぶ必要があるが、宅配便業者を利用するのに比べて配送料が半額以下になる。バス停となるのはアクセスのしやすい場所で、地域の直売所やデパートなどもルートに含まれる。

売り手と買い手、それぞれ納得感が高いこの仕組みは、加藤が発明したものではない。工業界に目を向けると、一定のルートに従って複数の調達先を巡回し、商品や部品などを集荷する「ミルクラン」という共同配送の仕組みがある。かつてアメリカで牛乳メーカーが牧場を巡って生乳を集めていたことからこの名前がついたが、今では工業界で一般的な配送手段である。かつて工業界に身を置いていた加藤は、この「ミルクラン」を農業に応用したのだ。

4年目で7県800社に広がる

新鮮な農作物の地産地消を促し、地域の農業を守り、地域の経済を活性化するやさいバスの評価は高く、ユーザーは右肩上がりで増えていった。1年目、登録生産者は65人、購入者は60社だったが、3年目の2019年には生産者が200人、購入者は500社まで伸びた。さらに同年、長野と神奈川で実証実験が始まると、ほかの地域からのオファーも殺到。先述したように現在は長野、茨城、神奈川、広島、千葉、愛知、高知で導入され、4年目の2020年末には生産者が380人、購入者は800社まで伸びた。

加藤率いるやさいバス社の関わり方は、それぞれ異なる。例えば長野は県のサポートを得て地元の物流会社が中心となって協議会を作っており、やさいバスのフランチャイズという形でシステムを提供している。茨城と神奈川は地域密着型のスーパーから地域の生産者と組んで導入したいと申し出があり、加藤らがコンサル的にかかわっている。ノウハウを作ってばらまくことはしないし、自分たちが仕切ることにもこだわらない。地域の事情に合わせて柔軟に対応することによって、各地で生産者が報われ、購入者も、食べる人も喜ぶ流通のなかで地域経済が循環することを優先しているのだ。「コンセプトはみんなで作るみんなの流通なので、地域のことは地域の人たちが運営するのが理想ですね」と語る。

　誰も損をしないやさいバスを、全国で稼働させたい。そう思ってブルドーザーのように仕事をしていた矢先の２０２０年春、新型コロナウイルスの感染拡大が始まった。未知のウイルスに対する不安が高まり、各地でパニック買いや巣ごもり消費が起き、品薄状態のスーパーが続出した際、加藤は「食のアクセス」に危機感を抱いたという。郊外に大型商業施設ができると、地域の商店は壊滅的打撃を受ける。そうして大型商業施設に「食」が集約されたところで、コロナが到来した。スーパーの食材が売り切れたり、客が殺到するスーパーでの買い物を避けたいと思った時、住民には食材を調達する術《すべ》がなくなった。

　もちろん、質のいい野菜を販売する高額なＥＣサービスはあるが、地域には手ごろでおいしい野菜を作る生産者がたくさんいるのに、住民がその野菜を買えないのはどういうこと？　この疑問に対して、加藤は新たな手を打った。もともと、買い手は小売店や飲食店を対象にしていたが、個人でもやさいバスで注文ができるようにシステムを一新したのだ。

企業内で新たなコミュニケーション

このリニューアルが、新たな発見につながった。コロナ禍が瞬間的に落ち着きを見せた2020年秋、提携する企業の従業員から注文を募り、やさいバスがそれぞれのオフィスビルにまとめて届けるという実証実験が広島市で始まった。配送された野菜は、各社で注文ごとに振り分ける。その際に、「これはあなたの？」「それ、おいしそうだね」「次に頼んでみようかな」といった会話が自然発生的にあちこちで生まれたことで、提携先の各社から「普段はあまり接しない社員同士のコミュニケーションが深まった」と報告が届いたのである。さらに、地元の生産者が作った野菜が好評で、応援しようという気持ちが広がったのか、バスが巡回するたびに購入者が増えていった。昔からある「生協」のような仕組みを企業の職場に当てはめたら、想像以上の効果を生んだのだ。

「我々のゴールはコミュニティ作りなので、これは嬉しかったですね。やさいバスを通して、地域内に人と人との繋《つな》がりをいかに作り込めるかを常に意識しているので、広島のような事例を増やしていきたいと思っています」

広島ではもうひとつ、予想外の展開があった。そごう広島店の食品売り場で1坪分の売り場を与えられ、２０２０年10月、やさいバスが出店した。しかし、全国チェーンの青果店が同じフロアに入っている上に、コロナ禍で試食販売も生産者によるＰＲもできず、最初の３カ月はほとんど手ごたえを得られなかった。

ところが、やさいバスで販売していたイチゴが突然人気になり、それからほかの野菜も売れ始めて、終わってみれば「すごい売り上げ」に。なぜ、イチゴがヒットしたのだろうか？

「市場を通して売られるイチゴって、日持ちさせるために熟す前に収穫されてるんですよね。やさいバスは農家さんから直接仕入れて、すぐに店頭に並べるから、完熟させたイチゴをリーズナブルに売ることができます。やさいバスならではのヒットだったと思います」

やさいバスの売り上げは、そごう広島店の担当者も驚かせたのだろう。現在、売り場の面積を数倍に広げる方向で話が進んでいるそうだ。この成功が呼び水となり、以前に一度出店したことがある静岡市の松坂屋でも、直営店をリニューアルオープン。こちらも好調だという。

運輸業界の巨人たちと手を組む

サービス開始から5年目の現在、登録生産者は約830人、やさいバスを通して野菜を仕入れている事業者が約1400社、購入者は約2100人に達した。間もなくやさいバスが稼働する地域がいくつも控えており、6年目に入るまでにこの数字がさらに増えるのは確実。この破竹の勢いに、運輸業界の巨人たちも歩み寄ってきた。

2020年6月には、2度の配送料値上げによって加藤がやさいバスを始めるきっかけを作ったヤマト運輸と提携した。やさいバスを通して注文を受けた生産者は、野菜を最寄りのヤマト運輸の宅急便センターに持ち込む。野菜はヤマト運輸が指定する店舗まで運ばれ、購入者はそこで受け取る。ヤマト運輸の流通網を活用することで、生産者は県外への販路拡大、購入者は産地の新鮮な野菜を生産者から直接購入することができるようになる。ヤマト運輸は常に地域間の配送をしていて、そのラインに「便乗」するだけなので、宅配の配送料は必要ない。

このサービスはコロナ禍に発表され、まだ稼働はしていないものの、準備は進められている。静岡県、長野県、神奈川県、東京都、茨城県から始まり、中部地域・関東地域に拡大する予定だ。

地域の郵便局との連携も進む。郵便局はピラミッド型の組織で、本社を頂点に北海道、東北、東海などエリアを束ねる支社があり、その下に各都道府県の郵便局……と続いていく。加藤は支社の経営企画室と組んで、郵便局にやさいバスのバス停を作るだけでなく、郵便局で野菜を売るプロジェクトを始めた。静岡県菊川市の郵便局からスタートし、２０２１年７月には千葉市にある２つの郵便局で販売が始まった。

「郵便局の青果店を増やそうということで、各地の郵便局と話をしています。地方にいけばいくほどスーパーなどの小売店は家から遠くなりますけど、郵便局だけはあるじゃないですか。地方のコミュニティのハブである郵便局で地元の野菜を買えるようになったら素敵だと思いませんか？」

すべては「境界を溶かす」ために

こうして着実にやさいバスの事業を拡大させている加藤だが、彼女のエネルギーと頭脳はひとところに留まらない。なんと、やさいバスの仕事をしながら、農業用ロボットを開発しているのだ。

２０１９年９月、自動車メーカーのスズキと組んで開発したのは、農業用の運搬ロボット「モバイルムーバー」。これはスズキの電動車いすを改造したもので、２００メートル以内であればリモコンで遠隔操作できるほか、車両に備えたレバーで動かすこともできる。農業は高齢化が進んでおり、平均年齢は67・8歳（２０２０年農林業センサス参照）。作物を育てることはできても、収穫したものを運ぶのが難しいという人たちが増えている。積載荷重１００キロの「モバイルムーバー」があれば、収穫物を載せて運ぶこともできるし、自分が乗って移動することもできる優れものだ。ところが、「違法でないが、未知の存在は認められない」という理由でこれを市販できずにいる。

「車椅子でも自動車でもなくて、なんの法律にもあてはまらない。だから、なんの法律にも触れていないんですけど、公道走行の許可は出せませんって言われていて……」

しかし、ここであっさりと諦める性格ではない。加藤はスズキを含む浜松地域の自動車関連のメンバーと開発を続けており、早ければ2年以内に法律や安全基準をクリアしたモバイルムーバーの量産化を実現したいと意気込む。

同じスズキの電動車いすを使い、「雑草ふみふみロボット」も開発した。これは、加藤が獣道と轍《わだち》から発案したものだ。動物や人が頻繁に歩く道には雑草が生えない。それなら、

作業費を44％削減した「雑草ふみふみロボット」
（写真提供：エムスクエア・ラボ）

とアームの先にローラーをつけて地面を転がしながら自動走行するロボットで、農林水産省の補助事業で3年間、実証実験をしたところ、生産者の作業費が44％カットという結果が出た。生産者にとって、なにも生み出さない雑草の処理は厄介でしかなく、44％カットは目覚ましい成果といえる。

「GPSで自動走行できて、精度はだいたいプラマイ10センチですね。これを50万円以下で作るのが課題だったので、ラズベリーパイ（小型コンピューター）と安いGPSセンサーを積んで、部品をどんどんそぎ落として、構成部品としては27万ほどで作れるようになりました」

しかし、このロボットも2020年3月で補助が終わり、現場で活躍する機会が失われた。公道での自動走行は認められていないからだ。

農業界における切実なペインポイントがあり、解決策を求めている人が全国にいるのに、「モバイルムーバー」も「雑草ふみふみロボット」も日の目を見ずに眠っている。こういう柔軟性のなさが日本のイノベーションを阻害しているのは間違いない。それでも、加藤はロボットの開発をやめるつもりはないという。インタビュー中も、スズキの電動車いすをベースに、アームで大根や白菜などの収穫を行うロボットや、遠隔操作や自動走行で農薬を散布できるロボットなど、アイデアが山ほど出てきた。

「経営者としてはどうかなって思いつつ、ロボットを作るのは楽しいんですよね（笑）」

加藤のように、農業の仕組みとテクノロジー、ロボティクスに精通した人材はほかにいない。そこを高く評価されて、２０２０年６月、加藤はスズキの社外取締役に就任した。スズキにとっては、史上初の女性取締役でもある。

加藤にとって、やさいバスもロボットの開発も、すべて「境界」を溶かすための取り組み。テーマは今も「開け！　日本の農業」だ。

「農作物を作る人と食べる人の間にある境界を溶かしたいし、農業と工業の境界を溶かしてみんなで協働する仕組みにしたい。ロボットを作る人と使う人の境界もなくして、自由にカスタマイズできるようにしたらいい。ＩＴもあるし、創意工夫したり、みんなの思いがつながれば、今以上に持続可能な食糧生産が実現できると思っています」

素人集団で売り上げ1億円超へ　トマトで拡げるダイバーシティ

ドロップファーム　三浦綾佳

「農業は女性に向いていると思うんですよ」

茨城県の水戸駅から北西に車で20分も進むと、田畑が広がり、緑豊かな景色になっていく。その一角に、鉄骨を使ったビニールハウスが24棟連なり、真新しいジュース工場も併設したフルーツトマト専門農場、ドロップファームがある。

ドロップファームのとある1日を、眺める。すぐに、女性がずいぶんと多く働いていることに気づくだろう。正社員8人のうち5人と、パートスタッフ10人のうち9人が女性。代表を務める三浦綾佳を加えると、トマトづくりの現場に立つ従業員19人のうち15人が女性だ。そのうち、子育てをしている女性が10人いる。

「農業は女性に向いていると思うんですよ。植物相手で暗くなったら仕事も終わりだから、周りに気兼ねなく、子育ても、仕事もしっかりできるじゃないですか。子育て中だと時間も不規則になりがちだけど、農業って単調な作業が多いから、（1人で6時間働くよりも）3時間集中してやってくれる人が2人いたほうが効率いいでしょう。短時間でもいいから働ける人をたくさん確保するというのがうちのスタイルなので、女性が多いんです」と三浦。

営業のエキスパートだった三浦さん
（写真提供：ドロップファーム）

　ドロップファームは服装もメイクも自由なうえに、元アパレル店長や、将来はカフェを開きたいと製菓学校に通う女性、外国にルーツを持つ女性がいたりとバックグラウンドも多彩なせいか、地味な印象のある農業の現場が、華やいで見える。仕事はフレックスタイム制で残業はゼロ、定時に上がるのが当たり前というスーパーホワイトな職場だと口コミで広がり、地元の女性はもちろん、最近は大手企業で働いている男性からも転職希望の履歴書が届く。ちなみに、社員のなかに農業経験者はひとりしかいない。

現場の従業員19人のうち18人は20代から40代で、平均年齢67・8歳（２０２０年農林業センサス参照）の農業界ではとても若い職場だが、パートスタッフで唯一の男性は、76歳。引退後の仕事として応募があり、人柄を見込んで三浦が採用した。「とても人当たりがいい方で、職場の雰囲気も明るくなったし、取引先ともいい関係を築いてくれて、不可欠の存在です」。

ドロップファームは３つの障がい者就労支援施設と提携していて、定期的に障がい者が働きに来る。三浦は、彼ら、彼女らに丁寧に仕事の説明をする。頼み方次第で、健常者以上の精度やスピードで仕事をしてくれると気づいたからだ。「不要な葉っぱを取ったり、掃除をしたり、任せる仕事の内容と指示の仕方によって、めちゃくちゃ戦力になっています。１年契約ですけど、ずっとお願いしたいですね」とほほ笑む。

農業は技術的な要素が多く、専門的な知識と経験が必要で、素人にはなかなかできない仕事というイメージがないだろうか？　多様な人材が集うドロップファームは、その印象を覆す。三浦自身、２０１５年に農業を始めた時にはほとんど農作業をした経験がなかった。しかし、就農から４年目にはトマト40トンを生産して７０００万円の売り上げを達成し、新しいビニールハウスが完成した7年目、２０２１年から２０２２年にかけては、トマト80トンとトマトジュースで１億２０００万円の売り上げを見込む。

　素人集団を率いる三浦が、なぜここまで会社を成長させることができたのだろうか？　その背景には、テクノロジーと営業力がある。

「うちは『誰でもできる』と言われるアイメックという農法でトマトを作っていますし、初年度から農業用のＩＣＴ（情報通信技術）を導入しています。最近のテクノロジーを使えば、経験が浅くてもおいしいトマトを作ることができるし、もっとマニュアル化が進めば農園の管理をパートさんに任せることもできますよ。そういう時代なのかなと」

　職場のダイバーシティを実現し、ＩＣＴで生産性を上げる。彼女の取り組みや言葉に接すると、もともと農業に課題を感じていて、それを解決するために挑戦しているようにも見えるが、それは違う。なにがどう違うのかは後述するとして、妊娠するまでは農業に興味がなかったという彼女が、なぜ時代を先取りするような存在になっているのか、その歩みを振り返ろう。

アルバイトで天職に出会う

　１９８９年、広島で生まれ育った三浦は、比治山大学短期大学部に通っていた19歳の頃、自分の天職を悟る。

「在学中にいろいろな種類の販売業のバイトをして、天職だなと思ったんですよね。自分が販売するものが、なぜかよく売れるんです。たまたまお客様が良いのかもしれないけど、そういうお客様を引き寄せる自分にも能力があるんだろうなと思ったし、お客様に褒められることも多くて、とにかく楽しかった」

　栄養士を育成する学科で、大半の同級生はその資格を活かした仕事に就いたが、三浦はひとり、ジーンズショップに就職した。その会社が掲げていた「接客のプロを目指しています」という言葉に運命を感じたそうだ。しかし、半年ほどで退職する。理由を聞いて驚いた。

「広島県三次《みよし》市の店舗に配属されて、めっちゃ売りましたね。すごく田舎にあるお店なんですけど、50人ぐらいいる同期のなかでは常に売り上げがトップクラスと言われていました。でもレディース、キッズ、メンズ、ひと通り担当させてもらった後に、『え、ほかに売るものは？』と思っちゃったんです。それで、いろいろなものが売れる仕事に就こうと思って、仕事を辞めてアルバイトを始めました」

アルバイト先は、イベント企画会社。そこで三浦は、イベントに出展している企業のブースに売り子として入り、その会社の商品を売り込むのだ。例えば、太陽光発電システムの展示会では、来場者から簡単なアンケートを取り、システムの取り付けができるかどうか、現地調査につなげるのが仕事だった。アンケートを書いている時点で関心があるのはわかるが、後日、自宅やオフィスビルまで業者が現地調査に来るのは面倒くさいと思う人が多いのではないだろうか？　そのなかで、三浦はアルバイトにもかかわらず、アポイント獲得数でトップだった。

その仕事とかけ持ちで、高級水着の販売アルバイトなどもした。

「１着３万円の水着の魅力をどう伝えて、売るのか。お客様とやり取りをしながら、その戦略を考えるのが楽しいんですよね」

この時期に、大手広告代理店で勤務していた男性と意気投合。２０１２年に結婚して上京し、翌年にはふたりで広告代理店ドロップを設立した。

仕事はすぐに軌道に乗り、ふたりであちこちに出張しながら広告を作る仕事を楽しんでいたが、引っかかることがひとつあった。ふたりで経営していたから、子育てをしようと思うと、どちらかひとりに重い負担がのしかかるのだ。

「子どもが生まれたら、今の仕事を続けるのは難しい」と考えていたふたりは、三浦が妊娠すると、子育てしながら働ける仕事に変えようと相談。飲食店をやろうとか、子ども服のアパレルメーカーを立ち上げようとか、いろいろ考えていた。その時、三浦の頭のなかには「農業」という言葉が浮かんでいたという。

「私たちの会社も参加したＩＣＴの広告のコンペで、『発情期が近づいた牛は歩数が増える』という性質に着目した富士通のセンサーがあったんです。それまで農業にはネガティブなイメージしかなかったけど、その時に、最新技術が入ってきて変わりつつあるんだな、面白いなという印象があって。それに、素人考えで、農業なら太陽が出ている間しか仕事ができないだろうから、子育てにちょうどいいかなと（笑）」

「これは売れる！」と確信したトマト

ただ、「農業は経験が必要」と思っていたから夫に具体的に話をすることもなく、次になにをするか決められないまま、２０１４年７月に出産を迎えた。それから間もなくして、たまたま目にしたテレビ番組がふたりをトマトに導いた。

　その番組では、トマトの新しい栽培方法「アイメック」を紹介していた。アイメックとは、コンタクトレンズなどの医療用製品に用いられる素材でできたフィルムを農業に転換したもので、無数のナノメートル（10億分の1メートル）サイズの穴が開いた特殊なフィルムの上に薄く培養土を敷き、トマトの苗を植える。そして、フィルムの下に水と養液を流す。

　ナノメートルサイズの穴はあまりに小さいのでウイルスや病原菌を通さず、水と養液だけが浸透する。保水性も高いので、水耕栽培と比べて使用する水の量が10分の1以下になるし、土から病気になるリスクがないので、農薬も最小限に抑えられる。トマトはストレスの高い環境に置かれるとなんとか養分を取り込んで成長しようとする性質があり、与える水の量を極限まで少なくすると、ビタミンCとリコピンを多く含み、糖分が凝縮された甘いトマトが育つ。

　このように言葉で説明してもわかりにくいと思うが、最も大切な特徴はひとつ。アイメックのシステムを利用して、マニュアル通りに栽培すれば、専門的な知識や経験がなくても高機能、高糖度のトマトを作ることができるということだ。テレビでアイメックを知った三浦は、直感した。

「これだったら、できる！」

三浦はすぐに、アイメックで作られたトマトを購入した。それまで特にトマトが好きではなかったが、一口食べた瞬間、確信した。

「甘い！　おいしい！　これは売れる！」

この時、もともとトマトを苦手にしていた夫もその味を認めたため、ふたりの間で一気に「農業」という可能性が浮上してきた。行動に移すのが早いふたりは、まだ生まれて間もない乳児を連れて、アイメックシステムを製造販売している会社に連絡し、訪ねた。そこで実物を確認し、話を聞いて、帰りの車で進路は決まった。三浦の頭のなかは早くも、どういうブランドにして、どういうパッケージにして、どうやってどこで売ろうか、トマトのことで溢《あふ》れていた。

農業をやるなら、まずは農地が必要だ。幸運だったのは、夫の叔父が水戸市で農業をしていたこと。「農地を貸してほしい」と相談すると、快く一部を貸してくれた。なによりも肝心な土地のめどが立つと、夫婦ふたりで農業の勉強を始めた。アイメックのトマト栽培は簡単だと言われているが、さすがになにも知らないまま、お店で販売できるレベルのトマトを作るのは難しい。

ふたりは広告代理店の仕事を続けながら、交代で始発に乗って神奈川県にあるアイメックのトマト農家を訪ね、1年間、栽培のイロハを教えてもらった。三浦は野菜についての幅広い知識を得ようと、野菜ソムリエプロの資格も取得した。

アイメック農法の勉強を続けながら、ネーミングやデザインについても考え始めた。当時、東京の恵比寿に住んでいた三浦は、近くにある三越の青果売り場に行って、売り場や客の動きを観察しながら、案を練った。

トマトの売り場は広いけど、漢字を使った読めない名前や、やたらと長いカタカナの名前ばかりで、覚えにくい。どういうネーミングだったらここで売れるだろう？　うちのトマトは、女性に買ってほしい。アイメックのトマトはビタミンCとリコピンが増えるから、美容にいい。そこをアピールして「ドロップファームの美容トマト」と名付けよう！

実績なしで４５００万円の融資を得る

同時進行で、栽培用の鉄骨ハウスを建て、アイメックのシステムを導入する手続きを始めた。これに、当初の予想以上の費用がかかることがわかった。無利子で借りられる青年等就農資金の融資限度額いっぱいの３７００万円でも足りず、銀行から８００万円借りる必要があった。農業未経験で、まだなにも作っていないという信用ゼロの状態で４５００万円を借りるために、三浦は意外な手を打った。

「まだ融資が決まっていない段階で、『ドロップファームの美容トマト』で商標登録して、そのブランドでデザインしたパッケージも持って行ったんです。それで、融資の担当者に『ここに甘いトマトを入れて売るだけです』と訴えました。さらに、あちこちで知り合った百貨店やスーパーのバイヤーの名刺を持って行って、ここに売りますと宣言しました」

この前のめりな姿勢が評価されたのだろう。無事に融資を取り付け、４５００万円で６棟が連なった鉄骨ハウスを建て、アイメックのシステムを導入することができた。

その際に二酸化炭素濃度、日射量、湿度、温度、積算日射量がわかるクラウドのＩＣＴ機器も購入した。「ド素人がやるんだから、見える数値が多ければ多いほどいい管理ができる」と判断してのことだった。テレビでアイメックのトマトに出会ってから、すべてを怒《ど》濤《とう》の勢いで進めてきた三浦夫妻は、２０１５年６月、水戸に移住。その年の８月末からトマトの栽培に着手した。

トマトは、８月末に苗を植えると11月から収穫が始まり、翌年の７月まで３日に１度の収穫作業が続く。１年間、農家でノウハウを学び、ＩＣＴ機器も導入して就農した三浦夫妻は、おいしいトマトを作ることができたのだろうか？

　結論から言えば、いきなりずっこけた。夫婦とパートスタッフの３人で栽培をスタートした最初の数カ月は、想定の半分のサイズのトマトしかならなかった。その分、糖度は13度でイチゴと同じぐらいの甘さになったのだが、とにかく、小さすぎた。しかも、３人とも農業の素人で栽培に必死だったため営業に行く時間もなく、すべてを仲卸業者に託したため、就農前に見積もっていた価格の２分の１しか得られなかった。

　トマトを作り始めて半年後、「これはダメだ」とアイメックの経験者を採用。そのスタッフはすぐに、小さすぎるトマトの原因に気が付いた。

「これは水不足です。間違いない」

　え、そうなの？　と驚いた三浦夫妻は、慌てて水の量を３倍に増やした。すると、今度は思った以上に大きく育って、甘みが落ちてしまった。それもすべて、仲卸業者に持ち込まざるを得なかった。その結果、１年目の売り上げは見込みの半分、およそ１４００万円だった。

　よくないことが続く。１年目の後半、三浦に予想外のことが起きた。コミュニケーション能力に絶対的な自信を持ち、モノを売ることに生きがいを感じる人間が農園でトマトと向き合い続けた結果、「人と会っても、何を話したらいいのかわからなくなってしまったんです」。

これは大変だと危機感を抱いた三浦は、アイメックの経験者であるスタッフと一緒に作業のマニュアル化を進め、農場での作業を一任することにした。大胆だが、これができるのがアイメックとも言える。そしてこの決断が、上昇気流を呼び込んだ。

自ら試食販売に立つ

三浦は１年目の後半に作った一部のトマトを持ち、営業に走った。まず、以前にバイヤーと名刺を交換していた三越恵比寿店の青果売り場に連絡をして、「来期はもっとおいしいトマトになるので、とりあえず１ケースだけでも置いてもらえませんか？　私が売ります！」と頭を下げた。デパ地下で自らトマトの試食販売をすると訴えたのだ。そこまでする生産者は、珍しい。気持ちが届いたのか、三越の担当者は販売を快諾した。

ほかにバイヤーの知り合いがいなかった三浦は、売り先として２００軒のスーパーをリストアップ。一軒、一軒、電話をかけて、「○○店の青果バイヤーはどなたですか？」と聞き出すところから始めた。名前を聞き、その担当者に連絡してアポを取り、企画書を持って行くということを繰り返す。もちろん、どこに行っても「私が売ります！」と伝えた。そして言葉通り、自ら青果売り場に立った。

　対面販売は、三浦が最も得意とするフィールドだ。しかも、自分たちが育てたトマトを売るとなれば、気合いの入り方も違う。三浦は、ビタミンCとリコピンが多く含まれ、糖度も高い機能性を目の前のお客さんの心に刺さるようにアピールして、一般的なトマトよりも5割ほど値段の高い自社のトマトをどこの店でも売りまくった。ただ売るだけでなく、お客さんの心もつかんだ。購入者が後日、店舗のスタッフに「あのトマトはもうないの？」と尋ねることが各店で相次ぎ、バイヤーから「もう少し注文したい」と連絡が届いた。正式に契約が決まると、「売り場の人にうちのトマトのことを知ってもらいたい」と、美容トマトが売られる全店舗分のポップをラミネートしてトマトと一緒に送ったり、農場にスーパーの関係者を招待したりして、こだわりを伝え

女性客の心を捉えた美容トマト
（写真提供：ドロップファーム）

た。三浦自身も、時間の許す限り試食販売に立った。

　その結果、2年目はトマトの栽培も滞りなく進んだこともあり、１００％直販を達成。売り上げは前年比2倍超の３０００万円に伸びた。

　農業の場合、生産量に限りがあるため、フルに売り切ってしまうと、売り上げを伸ばしようがない……と考えてしまいがちだが、それは思い込みにすぎない。三浦は3年目、同じ収穫量でいかに売り上げを伸ばすかを考えた。そこから、細かな試行錯誤が始まった。

「本当に今の商品でお客様を満足させられているのかなというのは、自分で売ってみないとわからないんですよ。うちは4種のトマトを育てていますが、自分で試食販売して、あれ、この品種ちょっと人気が落ちているなと思ったら別の品種に入れ替えますし、パッケージがちょっと飽きられてるかなと思ったらリニューアルします。三越とスーパーと直売所で、お客さんが手に取るデザインも違うんですよ。だからうちでは買いに来る人たちに合わせて、同じ商品を売るのに10パターンのパッケージデザインがありますし、お客様の反応でどんどんブラッシュアップします」

　客の心境の変化やニーズの違いを敏感に察して、さらに売れるように変化させていく。そうした試行錯誤によって売り上げを伸ばし、販売先との信頼関係が深まれば、価格のつけ方の自由度も高まる。農場のスタッフが栽培に慣れ、トマトの質が上がったこともあり、3年目は価格に変化をつけることで3500万円を売り上げた。

三浦は営業、販売と同時進行で、農場のスタッフも少しずつ増やしていった。特に子育て中の女性を積極的に採用し、働きやすい職場を作った。そこには、はっきりとした意図がある。

「働きたい女性にとって妊娠、出産は大きな壁で、仕事に復帰しても周りの目が気になるものです。でも、農業なら子育てと仕事の両立がしやすいんですよ。夕方にクライアントから電話がかかってきて、無理を言われたりしないし、もしなにか急用が入ってトマトのお世話が1日遅れても、大事にはなりませんから(笑)。うちに来ているのは、働きたいけど子育てがあって一歩を踏み出せなくて悩んでいた人たちです。それぞれの事情があって1日3時間しか来ない人もいるし、月に3日しか来ない人もいる。それでうまくまわっているし、なんの問題もありません」

最新のICTでスタッフの雑務が激減

卸先の店舗に美容トマトのファンができて確実に売れるようになると、もっと欲しいという店舗側からのリクエストが届き始めた。

　しかし、同じ面積で劇的に生産量を増やすことはできない。そこで、新たに６０００万円の融資を受けて、２０１８年の夏を迎える前に６棟が連なった鉄骨ハウスを増築した。これで生産能力が２倍の40トンになったので、三浦は女性のパートスタッフをさらに増員した。

　ここで疑問に思う読者もいるだろう。ドロップファームでは現場に立つスタッフのほとんどが農業経験のないパートだ。いきなり生産量を２倍にして大丈夫なのか？　と。

トマト用ハウスでの作業風景

心配無用。女性スタッフたちは戸惑うこともなく増産に対応し、２０１８年８月に植えて翌年の７月に収穫したトマトは予定通り前年度の倍の40トンになった。
　特にトラブルもなく前年の２倍の量を生産できたのは、アイメックという特殊な農法が大きな理由のひとつだが、それだけではない。誰でも同じ作業ができるように栽培マニュアルを常に更新していたことと、増築と同時期に１０００万円をかけて導入した最新のＩＣＴ機器の効果も大きい。

そのマシンは風力計と直結していて、例えば北から急に強い風が吹いてきた時には、北側の窓を閉める。その分、内部の気温が設定温度より上がるのを避けるために、別の窓を開けて気温を調整するという作業を、すべて自動で行う。春と夏の温度管理が重要と言われているトマト栽培で、急激に温度が変化するとトマトに悪影響を与えるため、ハウス内の気温をなだらかに変化させるような機能も持つ。このマシンがなかった時は、すべて人間が行っていた作業だ。

「アイメックは誰でも簡単にトマトが作れるというイメージが先行していますが、高品質のトマトを作るためには人間が常にそばにいて細かな管理をしてあげることが大切です。そのため、ICTを入れる前は、スタッフの仕事の5割ぐらいが気温や二酸化炭素濃度を確認して、窓を開けたり閉めたりといった、環境の調整でした。それがほぼすべて自動になり、確認するだけになって、1割程度まで減りました。そこにかけていた時間や力を品質管理にまわすことで、40トンのトマトを無事に育てることができました」

ドロップファームは100％直販なので、倍の量を生産したら、それを売り切らなければいけない。それをプレッシャーに感じず、「どうやって売ろうかな」とテンションが上がるのが三浦だ。2018-2019シーズンに収穫した40トンのトマト、すべてをこれまでと同じ方法で顧客に届け、見事に完売。売り上げも倍の7000万円になった。

生産に関しては精度の高いマニュアルとICT機器が貢献したが、営業と販売に関しては、三浦個人の能力に依《よ》るところが大きい。自分で売り切れるという確信があったからこそ、2倍の増産に踏み切ったのだ。これは天賦の才能ともいえるが、その一端でも知りたいと思い、「営業のポイントを教えてください」と頼んだら、「いいですよ」とあっさりと答えてくれた。

大きなポイントは3つ。まずは、売り込み先のキーパーソンを見定める。その人物と話をしながら、自分が感じる店の売り場の印象とバイヤー目線の売り場のミスマッチを見つけ、そのミスマッチを埋める提案をする。例えば、三浦が最初に抱いた「漢字を使った読めない名前や、やたらと長いカタカナの名前ばかりで、覚えにくい」という印象から、「生鮮食品の売り場には女性が多い。女性客に刺さる機能性やネーミングのトマトはどうか」という提案につながる。

売り込む側は伝えたいことが山ほどあるため、営業は一方的になりがち。しかし、そこをグッとこらえて、ミスマッチや相手のニーズを探るためにヒアリングを徹底することが大切だ。

2つ目は、正面にいる相手に最終決定権がない場合、その上に立つ人を意識すること。担当者がその場にいない上司に相談する際に、営業マンの言葉だけでは説得力がない。営業マンの言葉を補強するために、「自分たちが実行していること」と、それに対する「第三者の評価」を一目でわかる資料にして、担当者に託す。「アイメックで作るとビタミンCとリコピンが豊富で、糖度も高くなるんですよ」という営業トークを裏付ける資料を作るということだ。

ここまでは営業のノウハウ的な話だが、3つ目は短大生の時からさまざまなモノを売り、常に成果を出してきた三浦独自の手法だ。

「カメレオンになりきるっていうことが一番大きくて。とにかく相手のテンションに合わせるんです。テンションが低い人が来たら、自分も低くする。ある意味、自分を持ってないんですよ、私。どれが自分かよく分からないくらいで（笑）」

営業といえば、「明るく元気に爽やかに」を心掛けて相手に好印象を与えようと考えてしまいがちだが（僕はそう思っていた）、三浦は「人によって接客態度を変える」。三浦は言及しなかったが、心理学で「自分と類似点の多い相手には安心感や親近感、好感を抱きやすい」と証明されている「類似性の法則」に通じると感じた。

「売れるかどうかじゃなくて、売る」

三浦はここに記した３つ以外にも恐らく無数の技を持っていて、それを自在に操ることができる。そこに圧倒的な自信があるのだろう。２０１９年の初夏、最初の40トンの売り先が決まったことで次のシーズンも完売のめどが立った時に、「同じところに同じものを卸すのでは仕事に新鮮味がなくなり、販売を楽しめないから」と、さらなる投資を決断。新たに１億５０００万円を借り入れ、生産量を80トンに倍増する計画を立てた。

ここで２０１９年４月に農林水産省が発表した「野菜をめぐる情勢」を見てみると、日本の農業総産出額は９兆２７４２億円（２０１７年）で、野菜は２兆４５０８億円。そのうちの約10％、２４２２億円でトップに立つのがトマトだ。また、農畜産業振興機構が「月報野菜情報」の「今月の野菜」で不定期に発表している「トマトの需給動向」では、トマトの１人当たりの年間購入量は、２０１３年から２０１６年にかけて４０００グラム台でほぼ横ばい。この数字を見ると、トマトはレッドオーシャン（競争の苛烈な市場）と言ってもいいだろう。僕が三浦に最初に取材をしたのはまだ増築を計画しているタイミングだったから、「売れるかどうか、怖くなったりしませんか？」と尋ねると、三浦は一瞬キョトンとした後、言葉に力を込めた。

「売れるかどうかじゃなくて、売るんです。売る力では、ほかに負けません。80トンまで増えたら、ようやくトマトの数に余裕ができてきて、自由な売り方ができる。イベントを企画したり、いろんなところで売ってみたいですね」

それから2年後の2021年6月、ドロップファームに真新しい鉄骨ハウスが建ち、トマトの生産能力は80トンになった。さらにもうひとつ、ワインレッドの外観をした大きな建物も建った。

「2019年の取材の時、40トン分のハウスを作ると言ったと思うんですけど、トマトジュース工場も建てたんです。土地の購入費と整備も含めてトータルで3億円かかりました」

ドロップファームでは創業時から自社のトマトを使ったトマトジュースを作っており、生産設備がないので外部の工場に委託していた。次第にトマトジュースも人気商品になり、2年前から増産してほしいという依頼をしていたのだが、工場のキャパがいっぱいで断られていた。それなら、ということで、工場も作ったそうだ。この工場も、三浦らしい仕様になっている。

「トマトジュース専門の工場なんですけど、ほかの会社から委託も受けられるようにしました。うちの強みであるラベルや売り方の提案をしたり、販売先を見つけてあげるとか、コンサル的な役割も含めて提供しようと考えています」

この話を聞いて、僕は思わず聞き直した。

「他社のトマトジュースって、ある意味、ライバルですよね？」

「むしろ一緒にやろうよって。他の農家さんと一緒にできるビジネスがあると、可能性も拡がるじゃないですか。それに、自社のジュースもそうですけど、他社のジュースをどうやって売ろうかって考えるのが楽しいんですよね」

トマトが40トンから80トンになるのも、トマトジュースを作り始めるのも、２０２１年の夏以降。２度目の取材時はまだどちらも稼働していなかったが、三浦にとっては、既にブランドが確立しているトマトもジュースも自社のものは売って当たり前なのだ。それだけでは刺激が足りないから、他社のものも売ろうという考えである。三浦は「常にワクワクしてたいっていうのが大きくて」と涼しげに笑う。

大切なのは「キラキラしているか」

80トンのトマトも、これまでとは別の売り方を考えている。まず、２０２０年11月に１

９００万円を投じて最新の糖度センサーを入れた。これにざざーっとトマトを通すと、糖度が11度以上、10度以上、９度以上、８度以上、それ以下と分別される。これが肝になる。

「一回食べていただいたお客さまはリピーターになってくれるとわかったんですけど、その範囲をもっと広げようと思った時に美容トマトというイメージコンセプトだけでは弱いなと思って。そこにもうひとつ購買意欲をかき立てるなにかがあるとすれば、保証なんですよね。糖度センサーでランク分けができるので、例えば糖度11度以上を保証した新商品が作れます。そこはもうセンサーを入れる前から交渉済みで、パッケージも作ってあるので、あとは売るだけですね」

　そして80トンのうち、30トンは手元に残す。ドロップファームの敷地内に直売所を建てる計画が進行中で、そこで売り切るつもりだ。

「デパートやスーパーに営業したら、多分80トンすべて売れるんですよ。でもそれだと面白くないし、売る楽しみがなくなっちゃうので、今度は直《じか》にお客さんと繋がる売り方をしたいんです。そしたらお客さんの声がダイレクトに聞けるので、商品ももっと良くなっていくと思うんですよね。直売所で30トンってけっこう頑張らないと売れないと思うけど、それをどう売るのか、それを考えるのが今、一番楽しみです。直売所ができたら、私も店頭に立ちますよ」

三浦の話を聞いていると、「トマトのニーズがあるから事業を拡大する」のではなく、「いろいろな売り方を考えて試すのが楽しいから、事業を拡大する」という感覚に近いように感じる。

「事業戦略もあると思いますが、どちらかといえばワクワクを重視しているんですね」と言うと、三浦は「そうですね！」と頷《うなず》いた。

「正直に言って、おいしいトマトって全国にザラにあるので、勝負所はそこじゃないと思っていて。大切なのは、トマトを作って売る私たちがいかにキラキラしているかだと思うんですよね。だから、もっと面白いことをやっていきたいです」

三浦の頭のなかには、これから手掛けたい「面白いこと」のアイデアが溢れている。鉄骨ハウスをさらに増やして、来園者が収穫体験をできるようにするのがひとつ。最近購入した、農場の裏にある3ヘクタールの森を、子どもが遊べて大人も楽しめるグランピングサイトにすることも考えている。そこではきっと、さまざまな背景を持つ人たちがそれぞれの役割を果たしながら、気持ちよく働いているのだろう。

営業と販売の申し子が率いるドロップファームの物語は、まだ始まったばかりだ。

技術で越える

オンリーワン技術を世界へ届ける

耕畜連携の循環型農業

- 常識に捉われない発想を活かす
- 発想の根拠となるのはデータ
- 勉強会で知識を他の生産者と共有
- 日本で培った技術を輸出

スーパーイエバエ

- 意外なところに埋もれる新技術
- 信頼性を担保するのはデータ
- まずは地域で新技術を広める
- 適切な広報が市場を拓く

ブータンからのラブコール　養鶏から始まる「美しい村づくり」

みやぎ農園　宮城盛彦、小田哲也

沖縄の養鶏家がなぜブータンへ？

「国民総生産（GNP）よりも国民総幸福量（GNH）」という独自の指標を掲げるブータン。ヒマラヤ山脈東部に位置する人口約76万人の小さな王国は、世界的に極めて稀な、森林の二酸化炭素吸収量が排出量を上回るカーボンニュートラル国家でもある。

同国は「サステナビリティ（持続可能性）」を重視して開発を進めており、将来にわたってカーボンニュートラルを維持すると宣言。2025年までに同国で行われているすべての農業を有機栽培に移行することも目標に据えている。

2019年1月より、JICA（国際協力機構）の草の根技術協力事業としてこの国で養鶏技術の指導を手掛けているのが、沖縄・南城市のみやぎ農園だ。なぜ、沖縄の養鶏家がブータンへ？

きっかけは2015年6月まで遡《さかのぼ》る。縁あってみやぎ農園に視察に来たブータン農林省畜産部の職員が、「この方法ならブータンの養鶏はもっと良くなる。農業ももっと良くなるはずだ」と認めたことが、現在の技術指導につながっている。ポイントは、養鶏だけでなく、農業も良くなると判断されたことだ。

その背景には、地域の野菜生産者と連携し、サステナブルな循環型農業を推し進めてきたみやぎ農園独自の取り組みがある。薬剤に頼らない、微生物を活用した養鶏を手掛け、質のいい鶏ふんをたい肥にして自社農園で野菜を栽培。近隣の野菜生産者にもたい肥を安く提供し、できた野菜を一括で買い上げ、沖縄県内外のスーパーなど小売業者に卸している。

この複合的な事業の売り上げは、2008

みやぎ農園会長の宮城さん（右）と社長の小田さん（中央）

年の約８６００万円から２０２０年には約３億円まで伸びた。それだけではない。みやぎ農園が野菜を買い上げることで収入が伸びた生産者が耕作地を広げ、若者が就農するようになっている。

キーマンはふたり。薬剤を一切使用しない養鶏業を独自で考案したのち、「美しい村づくり」を提唱して地域の野菜生産者と連携を始めたのが、会長の宮城盛彦。宮城の理念を引き継ぎ、地域コミュニティを活性化させる循環型農業を拡大してきたのが、社長に就任した小田哲也だ。千葉大学大学院園芸学研究科で遺伝子解析を学び、ドイツ留学経験もある小田は、農業界で異色の存在である。

ブータンは、このふたりを中心に南城市で進められている養鶏、農業、地域コミュニティを掛け合わせた「美しい村づくり」に注目したのだ。まずは、この仕組みの礎《いしずえ》を築いた会長・宮城の歩みを振り返ろう。それが、ブータンでの事業につながっていく。

死にかけたヒヨコが蘇った理由

旧大里村（現在の南城市）出身の宮城は、日本大学の農獣医学部（現在の生物資源科学部）で日本の動物飼養学の大家である森本宏教授、佐々木実教授に師事した。ふたりの授業では、動物の体の構造や習性について学ぶだけでなく、「自分の頭で考えること」を求められた。この研究室で「思い込みに捉われず、自由に発想を変えること」「発想の根拠となるデータを大切にすること」を学んだという。

1980年、同級生のほとんどが大企業に就職するなか、宮城は大学を卒業してすぐに沖縄で養鶏業を営んでいた兄のもとで働き始めた。そこは一般的な養鶏場と同じくケージで鶏を飼っていて、宮城は2万5000羽のヒナの管理を任されたのだが、驚いたのは、毎日のようにドラム缶いっぱいのヒヨコが死ぬことだった。

当時の養鶏場はそれが当たり前で誰も疑問に思っていなかったなかで、宮城はひとり、ヒヨコの血液を分析。原因となる2種類の菌を突き止め、文献を当たって消毒と抗生剤の投与を行ったところ、ヒヨコの死亡率がほぼゼロになった。この方法はすぐに脚光を浴び、沖縄全土に広がった。

唯一の難点は菌が薬に対して耐性を持つことで、数年経つと薬を変える必要があった。しかも、新しい薬を使ったところでまた数年で耐性ができるため、いたちごっこ。宮城は耐性を持つ菌が出てくるたびに対抗策を講じたが、次第に強い薬しか効かなくなり、ヒヨコが薬で弱るようになってしまった。

弱ったヒヨコを殺処分するのも忍びないと思った宮城はある日、誰も管理していなかった近所のバナナ畑に囲いを作って、ヒヨコを放した。すると、予想もしないことが起きた。あと半日も持たないだろうと思っていたヒヨコたちが、餌も水もあげていないのに元気を取り戻していく。なぜだ!? 様子を観察してみると、バナナの落ち葉にたまった水を飲み、雑草や土を啄《ついば》んでいた。

大学で動物飼養学を修めた宮城は、「土は微生物、草は酵素として捉えれば、謎が解けるかもしれない！」と閃いた。この謎を究明するために、兄の養鶏場から独立。１９８８年、鶏を地面に放して飼う「平飼い」のみやぎ農園を立ち上げた。

それからは、実験三昧。まず、添加抗生剤（抗菌剤）を餌から抜いた。さらに「鶏に飼料の配合を設計させてみよう」と、５年間、毎日単味飼料をブレンドし、鶏が残した量をチェックして配合内容をデータ化。そうして完成したのがとうもろこし、ヨモギ粉末、海藻粉末、木酢液《もくさくえき》、牡蠣《かき》殻《がら》、山土に有用微生物ぼかしを加えた餌だ。有用微生物ぼかしとは、乳酸菌と酵母、光合成細菌をブレンドしたもので、これでみやぎ農園オリジナルの「発酵飼料」ができあがる。さらに、体内での分解・合成をスムーズにするための酵素として、季節の青草も一緒に与えた。

突然、「発酵」という言葉が出てきてなんのことかと思うかもしれないが、これは宮城が理詰めで採用した科学的アプローチだ。

「鳥は餌を丸呑みして体内で貯蔵し、夜に安全な高い木にとまって寝ながら消化します。だから、鳥には餌をためておく素嚢《そのう》という袋状の器官があって、ここで餌を発酵させ分解して柔らかくしてから胃に移します。うちの発酵飼料と青草はその働きを助けるので、鶏はその分、鶏自身の体内酵素の消耗が少なくて済むんです」

発酵飼料の効果は、ほかにもある。人間が乳酸菌飲料で腸内環境を整えるのと同じ理屈で、乳酸菌などを含む発酵飼料によって腸内に善玉菌が増えた鶏の糞は悪臭がせず、乳酸菌やミネラルを多く含んでいる。これが、「世界中の平飼いとまったく違う」という、みやぎ農園の「床《とこ》の厚み」を形成している。

「うちは木くずや鶏の食べ残しとともに、鶏ふんをそのまま残して、堆肥化させています。その堆肥が積もり積もって50センチ以上もある森の腐葉土みたいな『床』になっていて、湿度や温度を調節したり、人間にとってのヨーグルトや納豆のような自然の発酵食品の役目を果たしています。乳酸菌と酵母がものすごく豊かな環境になると、大腸菌とかサルモネラ菌は毒素を出す密度になりません。だから、抗生物質や消毒薬を用いる必要もないんです。この『床』がうちの農場の鍵を握っているといえます」

この養鶏法を始めた頃は、保健所から「消毒もしない、抗生剤も使わない」ことで怪しまれたという。保健所の検査では、調べる検体の数が１５０に及んだ。これは、一般的な養鶏場の何十倍にも及ぶ。それでも悪いものはなにも検出されず、今では疑問を呈す人もいなくなった。

サルモネラ菌を伝播《でんぱ》する養鶏家の天敵、ネズミに対してもユニークな対策をとっている。業者に依頼して殺鼠剤を撒いて駆除するのではなく、養鶏場の周りに自然にすみ着いている猫と鶏舎で飼育している蛇がネズミを寄せ付けないのだ。

「美しい村づくり」がスタート

こうして薬剤とは無縁で育つ鶏の健康を守るために、飼育数も絞っている。国内の採卵養鶏場での飼育羽数は平均７万４８００羽（２０２１年２月１日現在／農林水産省「畜産統計」）のところ、みやぎ農園は１万２０００羽だ。

宮城は、恵まれた環境で育った鶏が生む健康的な卵として付加価値をつけ、自らチラシを作って近所に売り歩いた。すると、臭みのないおいしさが口コミで広がり、沖縄県内のスーパーから「取り扱いたい」とオファーが来るようになった。さらに卵を有効活用しようと、宮城が妻と一緒に2年かけてマヨネーズを開発。こういった努力によって、少ない羽数でも収入が伸びていった。

　こつこつと養鶏業を軌道に乗せた宮城は、２０００年頃から循環型の農業をベースにした「美しい村づくり」の実現に乗り出した。まず始めたのは、鶏小屋で腐葉土のようになった鶏ふんのたい肥を使った野菜作り。この堆肥は、サトウキビを栽培していた父親から太鼓判を押された。

「お前のところの鶏ふんは、畑に入れると土がフカフカしてくると言われました。この一言が自信になって、お金にならなくても続けていこうと思いましたね。僕は、土は機械じゃなくて微生物で耕すと考えているんです」

　植物は、根っこを保護するために不溶性の粘液物質ムシゲルを分泌する。これは酸性多糖類、有機酸、アミノ酸、酵素などで構成されているため、土壌の微生物が栄養源として周辺に生活層を築く。みやぎ農園の鶏ふんを使ったたい肥は乳酸菌やミネラルを多く含むため、微生物も活性化して、生活層が豊かに広がる。微生物によって、土がほぐされるのだ。

自社農園でほうれん草などを作り始めた宮城は２００５年、みやぎ農園の鶏ふんたい肥を使用してくれる近隣の生産者から野菜を買い取り、販売する事業をスタート。２００８年には、化学合成農薬や化学肥料の使用回数、使用量を低減するなど一定の要件を満たして生産された農作物を沖縄県が認証する「沖縄県特別栽培農産物認証制度」で栽培を開始した。

そして翌年には、沖縄微生物農業ネットワークを設立。近隣で野菜を作っている生産者に声をかけて、微生物と鶏ふんを活用した農業の勉強会を開くようになった。この勉強会では、「なぜ、この作り方をすると野菜がおいしくなるのか」という話を、宮城が蓄積したデータをもとに光合成から解説するそうだ。

この時、宮城は少しずつ循環が広がっている「美しい村づくり」に手応えを感じながらも、あまりの忙しさに「ひとりでできることには限界がある」と感じていたと振り返る。この活動を一気に加速させたのが、２０１０年にみやぎ農園に加わった小田哲也である。

「動物が好きじゃない」のに農園入り

１９８５年、京都府八幡市で生まれ、滋賀県彦根市で育った小田は、環境問題を学ぶために千葉大学園芸学部に進学した。そこで食糧危機に関心を持ち、大学院で「遺伝子組み換えの新しい品種をつくるための基礎研究」に取り組みながら、将来は研究職に就こうと考えていた。その技術によって食糧危機を回避できるかもしれないと考えてのことだったが、途中で「基本的には大企業が利益を独占するための技術になっている」と感じるようになり、違う道を模索し始めた。

ヒントになったのは、大学時代に参加した地域づくりのインターンだった。愛知県東栄町の山村に２週間滞在しながら、地域の人たちとかかわるなかで、地域づくりの重要性を感じるようになった。

「当時はそんなに地域づくりに興味があったわけじゃなくて、大学の単位になるって言われたから行ったんですけどね（笑）。なにもない山村でどんどん人口が減っていて、このままだと生活ができなくなるだろうと思ったんです。地域に活気を生み出して、ここに住む人たちの次の世代もその次の世代も生活できるようにするってすごく重要だなと実感しました」

それまで学んできた農業に加えて地域づくりに興味が湧いた小田は、２００９年３月に大学院を修了した１カ月後、ドイツに渡った。ドイツでは、50人ほどの従業員が働く比較的大きな農場で1年間、研修生として働き、農作業や卸売市場での販売なども経験した。

「ドイツでは、農業を家族だけでやるわけでもなく、アメリカのように企業が大々的にやるでもなく、コミュニティで担っているところが多いんです。例えば野菜農家と花卉《かき》農家と酪農家が連携して、一緒に販売してたり。そこに地域の人たちが買いに来て、互いに顔が見える関係ができていました。生産者と直接やり取りすることで、買いに来ている地域の住民が農家だけじゃなく、農業自体に敬意を持っていることを強く感じましたね」

ドイツに滞在中、同じく農業研修生としてスイスの有機農家で学んでいた日本人女性と知り合い、付き合い始めた。それが、宮城の次女だった。彼女から沖縄で父親の農園の後を継ぐと聞いた小田は、後先考えずに沖縄へ。その時、宮城と初めて顔を合わせた。

小田が「沖縄に働きたい企業がある」と話すと、宮城は尋ねた。

「そこでなにしたいの？」

「まちづくりです」

「言っておくけどな、沖縄で一番農業とまちづくりのことを考えてるのはうちだぞ」

宮城は小田に「美しい村づくり」の話をして、こう伝えた。

「農家も消費者も子どもたちも、みんなで地域を盛り上げていこうっていうことをもし一緒にやってくれるんだったら、うちに入りなさい」

小田はこの「美しい村づくり」に興味を持って、「もともと動物が好きじゃない」にも拘《かかわ》らず、宮城のもとで働くことを決心した。

「みやぎ農園が養鶏しかやっていなかったら、働くことはなかったと思いますね」

２０１０年５月からみやぎ農園で働き始めた小田は、最初の３年間、みっちりと養鶏を学びながら、地域の野菜の買い取りと販売、勉強会の拡大を任された。それは、宮城が「ひとりでは手が足りない」と感じていた部分で、小田の加入によって養鶏と農業、地域づくりが、まるで３つのギアがうまくかみ合って回転するように、ゆっくりと前進し始めた。

一般企業で働いた経験のない小田だったが、小売店への営業は思った以上にスムーズに行った。それは当時、取引先が沖縄県内のスーパーだけで、すでに宮城が開拓した卵の取引先に、商談に行くことが多かったからだ。

小田はまず、自社農園と近隣の生産者から買い取った野菜のサンプルを持って、取引先を一軒、一軒、訪ね歩いた。みやぎ農園が目指す循環型農業と美しい村づくりの話、生産者がどういう思いで、どれだけ丁寧に作り、それがどれほどおいしいかを説明して回った。

するともともとみやぎ農園の卵を高く評価していたスーパーのなかから、こだわりの野菜作りにも共感してくれるところが少しずつ増えていった。

この時期、小田が苦労したのは地域の生産者とのやり取りだった。生産者がみやぎ農園に仕入れてもらおうと持ってくる野菜のすべてが高品質というわけではない。あまりに状態が悪い時には「これは出荷できません」と伝える必要がある。生産者が持ち込んだゴーヤにカビが生えていたり、トマトが熟れすぎて潰れそうになっていたりするたびに、頭を下げて仕入れを断った。それは胃が痛くなる瞬間だった。

逆に、生産者から野菜をたくさん仕入れすぎて、取引先にすべてを卸すことができず、「捨てるしかないかも……」と頭を抱えたこともあるし、仕入れた野菜を冷蔵庫に長く置きすぎて、気づいた時には売れない状態になっていて、青くなったこともある。

こうして試行錯誤を重ねながら、小田は２０１５年にＧＡＰ評価員の資格も取得した。ＧＡＰ（Good Agricultural Practice）とは、東京オリンピック・パラリンピックの食材調達基準とされた、農業の生産工程管理の基準となる認証。これは持続可能な食品安全、環境保全、労働安全などを遵守することで得られるもので、評価員はＧＡＰを取得したい生産者の取り組みの度合いを評価する役割を持つ。当然、農作物の生産方法から設備、組織まで幅広い知識が必要となる。

　この資格については、「僕らが１００回、１０００回、微生物や有機栽培の話をするよりも、客観的な評価のライセンスを持っているほうが話が早い。今の時代、農薬と化学肥料を減らすだけじゃ世間の評価を得られないし、企業は社会性を出さないと認知されない」という宮城の判断もあって、小田が取得した。

10年で売り上げが約３・５倍に

　次第に小田も営業に慣れ、ＧＡＰ評価員の資格の効果もあって、野菜の売り先は広がっていった。２０１４年に沖縄県外のスーパーにも進出を果たすと、その後は県外での売り上げがどんどん伸びていった。それは、循環型の美しい村という理念や特別栽培という野菜の質だけが評価されたわけではなく、地道な努力の賜物だった。

「うちは、ほかがやりたがらないような細かい注文を受けています。例えば、インゲンでも卸先によって80グラムから１２０グラムまで規格が何パターンもあるんですが、うちは対応します。お客さんによってパッケージに貼るシールもぜんぶ変えていて、インゲンだけでも５、６種類あります。量販店同士はライバルなので、うちから買った同じ商品でも同じ見た目のものは扱いたくないというリクエストがあるんですよ」

　営業で県外の量販店を巡っているうちに、沖縄という立地の強みにも気づいた。

「沖縄から野菜を送る輸送費が高くついたとしても、温暖な立地を活かせば対抗できます。例えばうちはインゲン豆の扱いが多いんですけど、夏野菜なので冬場は価格が上がります。オマーン産などが冬場に出回っていますが、鮮度では外国産より良いものが出せると考えています。同じく夏野菜のピーマンの場合、害虫の関係で基本的に国産しかないのですが、沖縄は冬場でも暖房を入れずに作ることができます。インゲンもピーマンも軽くて送料が比較的安く済むので、需要がある東京や関西などの都市圏で売れれば利益が出ます」

　卸先のニーズに合わせて柔軟に対応すること。立地の強みを活かすこと。小田は営業で沖縄県内外を飛び回りながら、次々とチャンスの種を仕入れてきた。今では野菜の売り上げの４割が県外で、「まだ伸びる余地があります」。会長の宮城ができなかった役割を担うその成果は、如実に表れている。

　小田がみやぎ農園に加わった２０１０年には鶏卵販売で約５２００万円、野菜の販売で約３４００万円の売り上げがあった。それが２０２０年には、鶏卵が約９０００万円、野菜が約１億９０００万円、加工品が約７００万円にまで伸びているのである。これにブータンの海外事業の１７００万円を加えると、３億円を上回る。

もうひとつ小田が注力してきたのは、沖縄微生物農業ネットワークによる毎月１回開催の勉強会。事務局長に就いた小田の地道な働きかけもあり、ネットワークの参加者は約80名に増え、勉強会も毎回40人ほどが顔を出すようになった。宮城がひとりで始めた２００９年頃は勉強会の参加者が５人ほどだったというから、みやぎ農園が論理的に「おいしい野菜の作り方」を伝えることで生産者から信頼を得た証しだろう。

２０１８年に立てた５ヵ年計画で、売り上げ目標は３億円だった。３年目にして早くも達成したが、これはもちろん、みやぎ農園だけでなく、地域の生産者も一緒に成長してきたことになる。会長の宮城は言う。

「僕はいつも仲間たちに、子どもを東京の大学に行かせられるくらい稼ごうねと話しています。農家は人手不足で外国人労働者に頼っているけど、農業は楽しい、儲かるんだっていうことを実践すれば、若者は農業に興味を持つ。それを証明するために、うちは２０１６年から農業高校、農業大学校と連携して、うちで２、３年勉強してしっかり食っていける技術を身につけた後、のれん分けする制度を始めたんです。これまでに６人が巣立って、今年も２人、研修に来ています。そのために、毎年５００とか１０００坪単位で僕らが農地を借りているんですよ」

地域づくりがしたくて沖縄に来た小田も、この10年に大きな手ごたえを得ている。

「私は、地域の人たちがそれぞれ活気を持って生活するようになるのが地域づくりだと思っています。活気を生むためには、そこで十分に食べて、余裕を持って子育てできるような経済が成り立っていることが必要ですよね。今、うちとかかわる生産者には私と同世代の人もけっこういて、売り上げが伸びると生産の規模を広げたいっていうんです。そうすれば使われていない農地も減るし、子どもたちも後を継ぎたいと思うようになる。そういう連鎖が始まったと思います」

１９８８年、薬品に頼らない養鶏から始まったみやぎ農園の取り組みは、野菜の買い取り・販売による地域の連携、さらに若者の育成、農地の拡大、地域経済の活性化と、渦巻きを描くように大きくなっているのだ。

知恵と経験と発想力を試される

２０１４年頃から自社の取り組みに手ごたえを得ていた宮城と小田は、この仕組みを横展開していこうと方針を定めた。当時在籍していた社員のひとりがたまたまブータン人と知り合いだったのでその話をしてみたところ、ブータン政府が興味を持った。これが冒頭に記した農林省畜産部の職員の視察で、２０１５年６月のこと。

それからとんとん拍子に、とはいかなかったが、ＪＩＣＡの事業に採択され、ブータン政府からの正式承認を受けて、２０１９年１月からブータン南部チラン県の中心地ダンプーで技術指導が始まった。

ブータンでの会議の様子
（写真提供：みやぎ農園）

ブータンでの指導を担うのは、養鶏の専門家である宮城。道路が土で、ろくにインフラが整っていないダンプーの農村地帯に初めて足を踏み入れた時、当時61歳の宮城は「ここでやるのか……」と気を引き締めた。チラン県の知事からは、「ダンプーの農民はすごく貧しく、貧富の差が広がっているので、農民が豊かになるきっかけとして期待しています」と言われたという。

現地に行ってみると、ダンプーの養鶏自体が日本と大きく異なることがわかった。飼育数が５００羽から１０００羽の養鶏場が９割で、基本的に平飼い。大半は農業と兼業で、すでに鶏ふんは堆肥として活用されていた。「鶏の卵は気候や季節によって変動しない現金収入の元」と捉えられていて、政府はこの「現金収入」を底上げするために、みやぎ農園の指導を求めたわけだ。

　仕事を始めるにあたって、なによりもデータを重視する宮城は、現地の養鶏家１３２軒からアンケートをとった。そこで驚愕の事実を目にする。ヒヨコの育成率（生まれてから卵を産むまでの生存率）が、平均65％しかなかったのだ。一般的に、養鶏業では育成率が80％以上ないと採算が合わないとされており、みやぎ農園は99・８％を誇る。

　お金をかけずにこの数字を99・８％まで引き上げることができれば、農家の収入が劇的にアップする。そこで宮城は、地域の養鶏家を回り、ヒヨコの死因を探るところから始めた。すると、ふたつの致命的な欠陥が見つかった。

　ひとつは、鶏舎が吹き曝《さら》しになっていたこと。鶏は体内に横隔膜も肺胞もなく、吸い込んだ酸素が一気に全身にいきわたる構造になっている。それは飛翔しながら効率よく呼吸するためなのだが、呼吸器系が無防備ということでもある。ブータンの寒冷地で乾燥した季節風が鶏舎に吹き込むことで、鶏たちが呼吸器系の病気になりやすい環境になっていたのだ。吹き曝しで、鶏舎が日中明るいのも問題だった。ケンカをしたり壁にぶつかったりして鶏が出血すると、その「赤い色」に反応して、ほかの鶏が突《つっ》くようになる。それでケガが酷くなり、鶏が死んでしまうのだ。

　もうひとつの課題は、頻発する停電。ブータンは水源が豊富で、国内で使用する電力の99・8％を水力発電でまかなっており、近隣諸国への余剰電力の販売が、国の最大の輸出品になっている。ところが地方ではインフラが追いついておらず、停電が日常茶飯事だった。

「鶏は臆病でね。突然想定しない物音が聞こえたり、照明が消えたり、見慣れないものが入ってきたりすると、リーダーの誘導で一斉に同じ方向に逃げていくんです。鶏舎が四角いと、逃げようとした鶏が鶏舎の角にどんどん向かって、上に乗っかって、呼吸ができなくなって窒息死するんですよ」

　鶏の死亡率を上げているふたつの問題を、どう解決するか。知恵と経験と発想力を試される現場でやる気に火が付いた宮城は、ひとつひとつ、現地で誰にでもできる方法で解決策を見つけていった。

　風と日光を防ぐための策は、雨戸をつけること。雨戸は、室内を5ルクス以下に保てるように設計する。薄暗くなる鶏舎で、刺激の弱い赤色系の電球を灯すことで、鶏が出血しても「血の赤色」に気づかないようにした。

鶏舎の壁はトタンで楕円に囲み、停電で鶏が一斉に同じ方向に走り出しても、カーブに沿って逃げられるようにした。この話を聞いて、僕は宇宙開発にまつわるジョークを思い出した。無重力空間の宇宙では、ボールペンが使えない。アメリカの科学者は多額の研究開発費を投じて宇宙で使えるペンを開発したが、ソ連は鉛筆を持っていった。

「現地で誰にでもできる方法」にこだわった宮城は、ガスの熱でヒヨコを育てる方法も考案した。ヒヨコは寒さに弱く、育雛器《いくすう》を電気で温めて育てる。これを「給温」という。日本と同じくブータンでも機械化されているのだが、頻発する停電が厄介だった。そこで、宮城は現地で簡単に手に入るものだけを使って、ガスで育雛器の下から温める「下部給温方式」を編み出したのだ。これはガスに火をつけて鍋の水を熱し、蒸気で「給温」するシンプルなシステムだが、電気よりコストを10分の1に抑えられる。

　宮城はこれらの解決策を住民に指導するのではなく、すべての対策を施した試験農園（パイロットファーム）を作って、ヒヨコを飼い始めた。すると、育成率が98％にまで跳ね上がった。育成率65％しかない地域の養鶏家は、育成率98％と聞いて驚き、信じられない様子でパイロットファームをのぞきにくる。そこではじめて、なぜヒヨコや鶏が死なないのか理由を明かすようにした。先進国から来た専門家が上から目線で指導するよりも、興味を持って訪ねてきた人に秘密を教えるほうが、「自分にもできるかもしれない」「うちもやってみよう」とモチベーションが上がると考えたからだ。

ブータンで実感した日本が目指すべき道

ブータンでの挑戦は、養鶏に携わって40年の宮城にも新しい発見をもたらした。ヒヨコを育てる際、日本では上から育雛器を温める「上部給温方式」が一般的なのだが、前記のようにブータンでは停電を警戒してガスを使った下部給温方式にしたところ、ヒヨコの腸が上部給温方式で育てた場合よりも薄くて吸収率が高くなることがわかったのだ。そうなると、効率よく栄養を吸収できるので、成長が早くなる。実際、現地の養鶏家が見たこともないスピードで鶏が成長し、話題になっているという。

その結果、パイロットファームの初期の産卵率は、みやぎ農園を上回る数字を記録した。これはまだ仮説だが、宮城は「初期成長の早さが最初の産卵率の良さにつながっている」と予想している。ブータンの養鶏家はインドから輸入された割高な飼料を使用しており、卵を早く出荷できるのは大きなメリットになる。

宮城は、日本とブータンを行き来しながら得られた知見をすべてデータ化してマニュアルにまとめ、ブータンに提出した。鶏の育成率、産卵率が高まれば卵が増えて価格が下がる可能性も視野に入れており、オレンジの産地ダンプーでは卵とオレンジを使ったオレンジカード（オレンジクリーム）を作る工場を建てることも計画している。加工品の製造には、かつて独自のレシピでマヨネーズを作った経験が役に立つという。

「真っ白なキャンバスに絵を描くようなもので、本当に楽しいですね。コロナでブータンに行けなくなったけど、現地のスタッフとスラックでやり取りしています」

ブータンの人たちに寄り添う宮城の姿勢と宮城方式は高く評価され、チラン県のほか、新たに国際空港があるパロ県、ブータン東部のモンガル県からも指導を依頼されたそうだ。

ＪＩＣＡの草の根技術協力事業が２０２１年12月で終わるため、みやぎ農園はＪＩＣＡに対してブータンで第２ステージに臨みたいと話をしているという。第２ステージが認められれば、産卵率の仮説の検証、オレンジカードなどの加工品の試作、他県での横展開など新たな挑戦が待っている。

この原稿の執筆時点（２０２０年７月末）ではまだＪＩＣＡに認められるかわからないが、会長の宮城は、こういった取り組みがみやぎ農園だけでなく、日本の農業の未来につながると考えている。

「ブータンの養鶏を変えたのはみやぎ農園ということになれば、今後頼ってくるところがたくさんあるでしょう。それを新しい事業にしながら、世界で美しい村づくりを進めますよ。農業で日本が世界の先端を目指すのであれば、大量生産する技術ではなくて、ブータンでの我々の取り組みのように環境を壊さず、限られた資源のなかでうまく回す技術だと思います。それこそ日本が、僕らが本来得意とする部分だと思うから」

ロシア生まれのスーパーイエバエで食糧危機に立ち向かう

ムスカ　串間充崇

肥料・飼料に革命が起こる！

ムスカ・ドメスティカ。この言葉を知っている人は、研究者か虫マニアだろう。生ごみや動物の排せつ物に群がるあのハエ、イエバエの学名である。

このイエバエの学名に由来する社名を持つ、異色のベンチャーがある。宮崎県で生まれ、今は東京に拠点を置く「ムスカ」だ。ムスカは、ロシアで１９７０年代に始まってから半世紀、１３００世代の選別交配を行い特別な能力を備えた、いわばスーパーイエバエを有しており、創業者の串間充崇《みつたか》は、「これは人類を救う存在だと思います」と語る。

え、人類!?　ずいぶんと壮大な話だなと思うかもしれないが、ぜひ読み進めてほしい。僕は、あながち夢物語でもないと思っている。それほど、スーパーイエバエの能力は突出しているのだ。

現在、日本では家畜の排せつ物や食品残渣《ざんさ》（食品ごみ）などの有機廃棄物が年間１億トン発生している。その内訳は、食品廃棄物が年間約２０００万トンに対して、家畜の排せつ物が約８０００万トン（農林水産省「家畜排せつ物の発生と管理の状況」）。２０１５年９月に国連で「ＳＤＧｓ（Sustainable Development Goals／持続可能な開発目標）」が定められて以降、日本でも食品廃棄が問題視されているが、家畜の排せつ物の量はその４倍に達する。ムスカが狙いをつけているのは、この家畜の排せつ物だ。

究極の循環型社会を目指す串間さん

農林水産省によると、家畜の排せつ物はその９割がたい肥化や液肥化処理されている。それなら問題なしかというと、そうでもない。一般的に、有機物が分解されてたい肥になるまでに２～３カ月を要する。この期間、各地の処理施設で排せつ物が保管されるのだが、ただ置いて

スーパーイエバエを使った飼料（左）と肥料（右）

おけばいいという訳ではない。発酵を促すために水分量を調節したり、攪拌《かくはん》したりという人間の作業が必要になる。その処理コストをたい肥の販売で回収するのは難しく、農林水産省が補助事業で全国に設置した約４００のたい肥センターでは、赤字になっているところも多い。

　臭いものに蓋をするという言葉通り、これまであまり注目されてこなかったものの、明らかに地域の負担になっているこの問題をきれいさっぱり解決する可能性があるのが、ムスカのスーパーイエバエ。この幼虫は食欲旺盛で、ムスカのシステムでは家畜の排せつ物を1週間で食べ尽くしてしまう。さらに、そのフンが有機肥料になり、たらふく食べて大きくなった幼虫を乾燥させると昆虫タンパク質飼料になるという。

　さらにこのイエバエをベースにした肥料や飼料は、植物や動物の成長を早めたり、収穫量を増やしたり、個体を大きくしたりといったさまざまな有用な機能を持っている。つまり、ムスカのイエバエを使ったバイオマス処理技術は、処理に困っている大量の家畜の排せつ物を利用し、いずれ不足すると言われている食糧問題の解決に貢献する潜在力を持っている。

串間は、23歳の時にこのイエバエに出会い、そのポテンシャルに魅了されて、20年以上も飼育と研究にいそしんでいた。しかし、イエバエとともに歩んだ人生は苦難の連続だった。

ハエの能力に一目ぼれして電力会社を退社

串間は1976年、宮崎市で生まれた。一般企業に勤める父、専業主婦の母、弟の4人家族。教育熱心な両親のもと小中学校の成績は上々で、特に理数系の科目が得意だった。同時に、先頭に立って無茶をするガキ大将でもあった。

「無謀なことをどんどん考えて、面白そうだからやろうぜっていうタイプでしたね。中学の時には、仲間たちと自転車で九州一周する卒業旅行を計画しました。親たちに却下されて1泊2日の自転車旅行になりましたけど、趣味の無線を自転車に積んで、仲間たちとハンディ機で話しながらサイクリングして、楽しかったな」

少しへそ曲がりな性格で、「受験のための勉強はしたくない」と、高校は推薦枠で国立の都城工業高等専門学校の電気工学科（当時）に進む。ちなみにこの時代、地方の高専は進学校並みの難易度で、かなりの成績優秀者でないと推薦入学は認められなかった。

　高専生になり、最初の1年は寮に入ったものの集団生活が肌に合わず、2年から卒業年次の5年までは都城市内のアパートで独り暮らし。当然のように遊びやアルバイトが中心になり、ぎりぎりの成績で卒業して、中部電力に就職した。

「学年でいちばん優秀な人は、地元の九州電力に行きます。それから成績順に中国電力、四国電力、関西電力と九州から離れていき、自分に残された選択肢が中部電力でした（笑）」

　理系の同期のほとんどは有名大学や大学院卒で、20歳の高専出身者は少数だった。しかし、そこで気後れするキャラではない。「みんなで電力会社の未来について語ろう」という名目で、週末ごとに飲み会を企画した。

　研修後に配属されたのは岐阜県内の営業所の配電課で、電線や電柱の管理、設計に従事した。仕事は忙しかったが、電力会社の給料、福利厚生は充実していて、なんの不満もなかったという。

　ところが、たまたま目にしたドキュメンタリー番組『報道特集』によって人生が変わる。

　1999年、ある日曜の夕方、なんの気なしにつけたテレビから「宮崎」という言葉が聞こえた。番組では、宮崎市で会社を経営する小林一年《かずとし》なる人物が、ロシアからイエバエを使った技術を導入して、新たなビジネスを立ち上げようとしている姿を紹介していた。当時、ソビエト連邦の崩壊による混乱のなかで、先端研究の技術が二束三文で売られていて、そのイエバエも小林さんが買い付けたものだった。

なぜ、ロシアでイエバエ？

それは、ソ連時代の宇宙開発が関係している。１９６０年、ソ連で火星探査計画「マルス計画」が始まった。将来、有人探査をする際に大きな問題になるのは、最短でも片道2年かかる道程の食料。解決策として、宇宙船内での自給自足とバイオマス処理が検討され、微生物や昆虫で実験が繰り返された。その結果、人間の食料、排せつ物の分解、植物の肥料として最も有望とされたのがイエバエだった。

ソ連の科学者たちは、スペースの限られた宇宙船内でも大量に飼育できるよう過密性に強く、温度や湿度の変化にも耐えうるイエバエだけをピックアップして繰り返し交配させた。それが、スーパーイエバエだ。人間でもアスリートの両親を持つ子どもの運動神経が良いのが珍しくないように、スーパーイエバエの子どもたちも極めてタフになり、排せつ物の分解速度など求められる能力も高まって、肥料、飼料としても高品質になった。

小林一年さんは、このイエバエを使って有機廃棄物を肥料と飼料に変え、それで野菜や家畜を育てる循環型のエコビレッジを宮崎県都農町《つのちょう》に作り始めていた。その様子を番組で観た串間は、身震いするほど感動した。

「すごい！　やりたい！」

その頃、環境問題に特に敏感だったわけではないし、中部電力の仕事に疑問を抱いていたわけでもないのに、なぜか目の前の霧が一気に晴れたような気がしたという。串間はこの瞬間、会社を辞め、宮崎に戻ることを決める。

普通なら、ここでまず小林さんに連絡を取るだろう。しかし、頭に血が上っていた串間は翌日の月曜日に退職願を提出。慌てふためく上司や同僚の引き留めにも耳を貸さず、すぐさま宮崎市にアパートを見つけ地元に舞い戻った。

そうして無職になってから小林さんの会社「フィールド」に電話をかけ、雇ってほしいと伝えると、電話口の社員は「募集しているのは25歳からです」とけんもほろろの対応で、電話を切られた。会社を辞める前に確認すればよかったのだが、その当時、23歳だった串間は採用の対象外だった。しかし、簡単に諦めるわけにはいかない。慌ててもう一度電話をかけ直し、テレビを見て小林さんの事業に惚れ込んだこと、会社を辞めて宮崎に引っ越してきたことなどを必死に訴えた。それでなんとか面接にこぎつけると、社長の小林さんはすぐに合格をくれて、面接の翌日から働き始めた。

小林さんの会社は社員とパートを含めて20人前後。給料は手取り13万円で、中電の半分にも満たなかったが、串間はやる気に燃えていた。

社長をビジネスの師として

フィールドは、小林さんがロシアから見つけてきた技術や商品をいろいろな販売ルートでさばいていた。そのなかでも特に熱意を注いでいたのが、前述のイエバエだった。小林さんは、畜産排せつ物の処理を有償で受託し、高品質の飼料と堆肥を販売すれば、大きなビジネスになると踏んでいた。そのうえ、自然環境に負荷を与えない循環システムを作ることができる。イエバエがいずれ人類の未来に貢献すると確信し、情熱的に動いていた。

それは、決して妄想ではなかった。食品大手キユーピーの研究所で長らく食品開発に従事し、現在は農産物加工販売コンサルタントをしている白木原康則さんは、イエバエの技術を「奇跡的」と評する。

「私は農業の専門家で堆肥の研究をしていたので、小林さんからこのイエバエの存在を聞いた時には感動しました。コストをかけて処理していた畜産排せつ物が、考えられないスピードで飼料、肥料に変わり、しかも非常に質が高い。日本が肥料と飼料の輸出国になれる可能性を感じました」

小林さんは、この希少なハエをさらに進化させるため、従業員の半数を「イエバエ部隊」に充《あ》てていた。そして、別の事業で稼いだ利益のほとんどを、都農町のエコビレッジに注ぎ込んでいた。入社した際、串間もイエバエ部隊に入りたいと希望していたが、任されたのは野菜だった。

「ロシアで研究開発されたベータカロチンやビタミンCなど機能性を高めた野菜を日本の農家に栽培してもらい、育った野菜の売り先を確保するところまで、ひとりで担当していました。農業のことはまったく知らなかったので、いちから勉強しましたよ」

串間が担当した機能性野菜は「ベジフルーツ」と名付けられ、東京の有名百貨店でも販売されるようになった。小林さんは数年後、この野菜事業を他社に数億円で売却。この後、串間は小林さんとロシアを飛び回り、技術や商品を買い付ける担当になった。

もともとアパレルメーカーのレナウンにいた小林さんは、ロシア語はもちろん話せないし、技術的な知見もない。ただ、自分が「こんな商品があったらいい」と判断した技術や商品を直感で買い取っていた。ソ連時代に優遇された研究者は、資本主義のロシアになって待遇が変わり、困窮していたから、気前よく現金で手付金を払う小林さんは現地では有名人で、朝から晩まで売り込みのアポがびっしり入っていた。串間も、自分の判断で買い付けすることを許されていた。

それは、串間にとって実践的なビジネスを学ぶ重要な経験になった。自分の才覚で技術を判断し、相手と交渉する。マーケットニーズに合うように技術を最適化し、販売する。小林さんとの濃密な時間は、生きた教科書そのものだった。

モスクワではヒヤリとする体験もした。串間は某国営企業が開発し、モスクワの地下鉄でも使用されているさび止め塗料に目を付けた。これは日本で売れる！　と缶容器に入ったサンプル品をスーツケースに入れて帰国しようとした。

しかし、不運なことにその前日、サンクトペテルブルクの空港で自爆テロがあった。モスクワの空港も厳戒態勢で、保安検査場で塗料缶が爆弾と疑われ、武装警官に囲まれて銃を突き付けられた。国営企業が発行した輸出証明書や安全証明書があったことで拘束は免れたが、サンプルはすべて没収された。「日本に持って帰れたら、あれは本当にビジネスになったはず」と、串間は今も少し残念そうだった。

小林さんと一緒にロシアで買い付けをする生活は、そう長く続かなかった。小林さんが肺気腫で体調を崩してから、会社の経営も急速に傾き始めた。給料が遅れるようになると、従業員が次々と会社を離れ、気づけば串間ひとりになっていた。そのうちに、オフィスの水道代、電気代も支払えなくなり、串間が個人名義で借り入れして、穴埋めをするようになった。この時期に串間は離婚し、妻子と別れている。それでも、イエバエの飼育だけは１日も欠かさずに続けてきた。

「僕にとって、小林は実の父親よりずっと長い時間を一緒に過ごした人で、親父以上に親父だと思っています。それに、ベジフルーツの事業でもイエバエの肥料を使っていたから、効果も実感していました。味も収穫量もぜんぜん違うんですよ。だから、効果や安全性の検証が追い付いていなかったけど、このイエバエは遅かれ早かれ必ず必要とされる日が来るという確信がありました」

新会社設立も、苦境に

２００６年、病床にあった小林さんは負債を清算して会社を畳むことを決意。手元に残った唯一の財産ともいえるイエバエを託された串間は、新会社「アビオス」を立ち上げた。

事業の内容は変わらずロシア専門の商社だったが、イエバエを事業化するための準備も進めた。2007年には、飼料安全法、肥料取締法に沿った形で飼料、肥料として国の販売許可を取得。

さらに2009年以降、文部科学省管轄の国立研究開発法人科学技術振興機構から1億5000万円の資金を得て、愛媛大学で3年間かけて効果を検証した。

その結果は、驚くべきものだった。魚や鶏の飼料に使われている魚粉10%と同等、もしくはそれ以上に有効な結果がイエバエ飼料2・5%で出せるとわかったのだ。具体的には免疫力が向上する耐病性効果、体が大きくなる増体効果、ストレスの低下などが証明された。すでに特許も取得しているこれらの効果は、串間に自信を与えた。

「これだけのエビデンスがあれば、十分だろう」

そう考えた串間は2014年、商社としての事業を休止して、イエバエの事業に懸けることにした。だが、ことはそう簡単に運ばなかった。イエバエを使った肥料、飼料の効果が大学で証明されたことをアピールし始めると、上場企業が何社も訪ねてくるようになった。そこで、師匠の小林さんが考えていた「畜産排せつ物の処理を有償で受託し、高品質の飼料と堆肥を販売する」というイエバエを使った事業の話をすると、興味を持つそぶりを見せながら、土壇場になると「ハエのイメージが悪い」などという耳を疑うような理由で、1社も話が決まらなかった。串間は、こう振り返る。

「この時はまだ、環境問題がいまほど切実に捉えられていなくて、企業も本気じゃなかった。『環境のことを考えています』というポーズだったんでしょう」

2014年から2年間、ほとんど収入もないのにハエのエサ代や光熱費、数人いた社員の給料だけで、毎月数百万円が飛んでいった。資金繰りに行き詰まった串間は、自分の車とマンションを売却。親兄弟、親戚、友達からも手あたり次第にお金を借りて、借金はとんでもない金額に膨れ上がった。引っ越し先の安アパートの電気、ガスも止まり、夏は水を張ったクーラーボックスに足を突っ込んで過ごした。それでも、イエバエの可能性を信じた。

「僕の時代で途絶えさせたら、人類に対する罪だと思っていました。僕はどうなってもいいけど、ハエだけは守んなきゃと」

大手商社兼松の元社員で、40年以上前から小林さんと友人関係にあり、串間がアビオスを設立した時には取締役にも就いた加藤晃二さんは、串間の踏ん張りを「使命感でしょうね」と語る。

「小林さんは病気で衰えていきながらも、最後までイエバエの事業の維持に執念を燃やしていました。イエバエの技術で人類に貢献しようという志があったから、苦しい時にうまい話がきても乗らなかった。その時の姿が串間君の目に焼き付いているんだと思います」

串間が金策に走り回っているうちに、追い風が吹き始めた。前述したように国連が２０１６年から２０３０年までの国際目標として定めたＳＤＧｓに対する意識が国内外で急速に高まり始めたのだ。

政府、地方自治体、企業が次々とサステナビリティ、循環型社会の実現を目標に掲げた取り組みを導入するなかで、串間が誇る世界でもオンリーワンのイエバエ技術も改めて注目を集め始めた。その機を逃さず、２０１６年12月、イエバエ事業だけ独立する形で新たにムスカを設立した。

それからの変化は激しかった。２０１８年6月に開催された日本経済新聞社主催のアグリテック、フードテックをテーマにしたイベント「AG/SUM」（アグサム）でみずほ賞に輝いたのを皮切りに、「TechCrunch Tokyo 2018：スタートアップバトル」にて最優秀賞など、メジャーなビジネスコンテストで次々と受賞。丸紅、伊藤忠商事、新生銀行とそれぞれ提携し、出資を受けた。こうして時代の追い風に乗ることができたのは、ふたつの理由が考えられる。ひとつは、報われない時代からコツコツと地元の生産者と組んで、ムスカの肥料、飼料の効果を試す取り組みをしてきたこと。

宮崎市の石坂村地鶏牧場では、２０１１年頃にイエバエの飼料と通常の飼料で「ヒナがどう変化するのか」を比較する実験を行った。その効果は代表の中村秀和さんを驚かせるものだった。

「エサの食いつきがまるで違います。ムスカの飼料は喜び勇んで食いつく感じですね。成長に関しては、ムスカの飼料を食べたヒナは１カ月もすると急に大きく太り始めます。実験開始から４カ月後に体重を調べたところ、オスもメスも５００グラムほど差が付きました。もともとメスは３キロ、オスは４キロほどなので、これはとても大きな違いです。もしムスカの飼料が安くなったら、ほとんどの人が使うと思いますよ」

無農薬、有機栽培で米を作る宮崎県延岡市の祝子《ほうり》農園の代表・松田宗史さんはこう語る。

「うちは、２０１６年頃から肥料を使っています。最初は田んぼ一枚だけに撒いたんですが、今では４・５ヘクタールあるうちの田んぼ、すべてに使っています。まず、土が丸く粒のように団粒化するんですよ。それを耕すと土がトロトロになって雑草が生えません。それと、病気が出ない。私は詳しいことはわかりませんが、植物の病気といえばウイルス系が多いんですよ。ムスカのイエバエの幼虫はきっとウイルスから体を守る酵素を持っていて、それが天然の抗生物質になっているんだと思います。収穫量も味も良くなりました」

ムスカはまさに種を蒔くように、個々の生産者と良い関係を築き、現場の声を集めてきたのだ。

もうひとつの要因は、それまでのムスカに欠けていた「広報」の力が加わったこと。2017年末に串間と出会い、ムスカが目指す未来に共感した広報の専門家、流郷《りゅうごう》綾乃さんが広報担当執行役員に就任したことで、イエバエの可能性とそれを裏付けるこれまでの取り組みを、わかりやすく、魅力的に、広く伝えることができるようになった。積み重ねてきた実績と適切な広報の両輪がうまく回転することで、数々の受賞や資金調達につながったのだ。

自治体・企業と手を組み実証実験を開始

2019年4月、串間は代表取締役会長から取締役会長兼ファウンダーとなり、広報部門の責任者だった流郷さんがCEOに就任した。「得意じゃない」という経営は社内の専門家に任せて、イエバエ事業に集中しようという判断だった。

受賞や資金調達を機にさまざまなメディアに取り上げられるようになったことで、信頼も増したのだろう。交渉期間などを経て、２０２０年に入るといくつかのプロジェクトが動き始めた。同年8月、熊本県菊池市のアグリ技術実証事業に採択され、現地の農事組合法人と組んでムスカの肥料を使った白菜の試験栽培を行うと発表された。9月には、お茶のスタートアップTeaRoomと業務提携。同社と関連会社が所有する静岡の茶畑の一部で毎年使用していた化成肥料からムスカの有機肥料へと変更し、生産実証実験に取り組んでいる。農機メーカーのクボタともコラボし、同社が所有する農業機械化と先端農法の実証活動を行う長野県の農園でも、ブロッコリーにムスカの肥料と既存の肥料を与えたうえで比較する実証実験が行われた。

これまで、石坂村地鶏牧場の中村さんや祝子農園の松田さんといった個人の生産者レベルで行われていた実証実験が、ついに自治体や大手企業と手を組むところまで広がってきた。こうした実験によって効果が出やすい環境や条件、その逆も少しずつ明らかになる。実際、菊池市のアグリ技術実証事業では２０２０年12月に白菜の収穫が終わり、「ほかの肥料で育てた白菜と大差なし」という結果が出た。それでも、ムスカの肥料が使えないという話にはならない。なぜ、効果が出なかったのか、どうやったら効果が出るのかを検証するきっかけになるのだ。こういった実験の繰り返しは今後、ムスカが肥料や飼料を広く販売していくために不可欠のデータになっていく。それはムスカにとって大きなステップだろう。

一方、家畜の排せつ物を集め、ムスカのスーパーイエバエを使って肥料と飼料を量産するためのパイロットプラントの建設については、さまざまな自治体から問い合わせがあるものの、まだ具体的な話は進んでいない。しかし、ムスカの事業を本格的に稼働させるためには、なんとしてもプラントが必要だ。串間は２０２０年12月、「ＰＲパーソンとしての役割を終えた」という判断で辞任を申し出た流郷さんに代わってムスカの代表に復帰し、現在、10億円規模のプラント建設を目指して奔走している。

「これまでは、自治体や企業と組んで、まずは小さなプラントで実証実験をという声が多かったんです。でも、そこからだとさらに2ステップ、３ステップ踏んで、３年、４年、5年かけないと本格的なプラントを作れないでしょう。世界を見たら、ほかのハエを使ったベンチャーは何十億っていう資金調達をしてるんですよ。うちのイエバエは彼らに勝るとも劣らない能力を持っているし、根本的な処理能力には疑いがないんだから、僕は一気に世界で勝負できるようなものを作りたい」

確かに、「アメリカミズアブ」と呼ばれるハエの幼虫に食品廃棄物を食べさせて肥料、飼料を作る南アフリカのアグリプロテイン社は1億３０００万ドルの資金を集めている（２０１９年時点）。ミズアブを使った同様のビジネスを手掛けるフランスのイノバフィードは、アメリカの食品加工会社と組んで、イリノイ州に世界最大規模の昆虫タンパク質の製造施設を建設している。ほかにもカナダのエンテラはアメリカの超巨大企業カーギルなどから出資を受け、マクドナルドと提携。ミズアブを使ったベンチャーはほかにチュニジア、ケニア、そして日本などあちこちで生まれている。

イエバエとミズアブは同じハエの仲間ながら、串間によると「向き不向き」があるという。ミズアブは食品廃棄物を好み、イエバエは家畜の排せつ物を好む。食品廃棄物はどちらかといえば一部の先進国の問題だが、家畜の排せつ物の処理に関してはグローバルな課題だ。例えば、アメリカの農務省によると、中国では２０２１年末までに豚の飼育頭数が4億頭に達する。日本は約９３０万頭（２０２１年2月1日現在／農林水産省「畜産統計」）だから、桁違いである。養豚の飼育頭数ではメキシコ、ベトナム、ミャンマーなど発展途上国も世界の上位につけるし、牛の場合はインド、ブラジル、中国、エチオピア、アルゼンチンなどが上位に並ぶ。家畜の排せつ物は適切に処理しないと地下水や土壌の汚染につながり、農産物や人体に害を及ぼす可能性があるため、放置できない問題だ。そこにムスカのスーパーイエバエの活躍の場があり、串間は得意分野が違うミズアブとすみ分けができると考えている。

循環型社会を実現、人類の危機を救う

海外と比較すると、日本は遅々としてモノゴトが進まない。「それは危機感が薄いから」だと串間は考えている。日本の半数の堆肥センターが赤字だとしても、世界の家畜の排せつ物がどう処理されていようとも、ほとんどの日本人にとっては関係のない出来事だし、普通に生活をしていたら頭に浮かぶこともないだろう。

しかし、日本人も真剣に向き合わなければいけない事態が着々と進行している。人口急増に伴う肉類、魚類などタンパク質需要の拡大により、２０３０年頃には、世界のタンパク質の需要が供給量を上回ると危惧されている。必須栄養素であるタンパク質が、人類に行き渡らなくなるかもしれない。また、２０５０年には世界の人口が97億人に達し、全員を養うためには食糧生産量を２０１０年時点の１・７倍に引き上げる必要があると、農林

水産省が試算している。２０５０年まで、あとたった30年しかない。

これは、決して対岸の火事の話ではない。日本でも、予兆のような出来事が起き始めている。日本は牛、豚、鶏という主要な家畜の餌になる飼料用の穀物をほぼ輸入に依存しており、世界の穀物相場や海外輸送費の高騰などによって、配合飼料の価格は１９９０年度から２０２０年度にかけて大きく上昇し続けているのだ（農畜産業振興機構「配合飼料の価格動向」）。

家畜や養殖魚の配合飼料の一部として魚粉も使われているが、やはり需要が供給を上回り、２００５年以降、値上がり傾向にある（水産庁「漁業経営の動向」）。なんと肥料の価格も同様で、人口増加による食用穀物の需要、発展途上国における肉を中心とした食生活への変化に伴う穀物飼料の需要、バイオ燃料の増産などによって世界的に肥料の需要が高まっており、肥料の原料をほぼ輸入に頼っている日本では２０１５年から２０２０年にかけて、約2倍に達している（農林水産省「肥料価格の推移と現状」）。

穀物飼料と肥料が継続的に値上がりしているなかで、２０２１年6月26日に配信された日本農業新聞ウェブ版に掲載されたある記事のタイトルは「飼料高騰、酪農家を直撃　北海道　自給の道探る」。そう、持続可能な酪農、畜産、農業を営むためには、輸入に頼らない道を探るしかない。串間はその未来を見据えている。

「地球の反対側から大量に飼料や肥料の原料を運んできてＳＤＧｓを叫んでも、矛盾してませんか？　僕はそれぞれの地域で水、エネルギー、食糧をなるべく自給自足するという未来が来ると考えています。それができたら一番サステナブルですよね。そのために、日本でも、ほかの国でも、うちの技術が絶対に役に立ちます」

もともと、ムスカのスーパーイエバエは火星に向かう宇宙船という究極の閉鎖環境で宇宙飛行士たちが生きていくための最善、最適な手段として選ばれ、育てられてきた。イエバエが家畜の排せつ物をあっという間に食べ尽くし、そのフンが野菜を育てる肥料、幼虫が家畜や養殖魚の飼料になるという循環型の社会は決して実現不可能ではない。

その最初のステップになるのが、プラントの稼働。ムスカには以前から東南アジアを中心に複数の国から「プラントを売ってほしい」という引き合いも多いそうだが、最初のプラントは微細な調整が必要になるため1号機は国内で立ち上げ、それが軌道に乗ったら次は海外展開だ。

スーパーイエバエは、人類を救えるのか。その命運を握る幼虫たちは、今も宮崎県の都農町にいる。テニスコート2面ほどの広さのラボで飼育されているのは、約１００万匹。

そこで数名のスタッフが、毎日のようにイエバエの選別を繰り返し、2020年9月には、1300世代に突入した。ロシアから持ち帰った小林一年さんの時代よりはるかに進化したイエバエたちの、準備は万端。串間から「GO!」の声がかかるのを、静かに待っている。

世代を越える

先人の知恵と経験が紡ぐ未来

食用バラから多機能スプレーまで

・作物の「ルックス」も強みになる

・学び直しが危機脱却のきっかけに

・個人的に「欲しい」商品を開発

ネパール人仏画師の事業継承

・後継者不足解消への新たな一手

・新ビジネスを生む外国人の視点

１本５０００円の蓮根

・ブランドに活かせる農家の歴史

・高品質な作物を求める海外市場

曾祖母の言葉を胸にバラ農家に　食用から多機能スプレーまで

ローズラボ　田中綾華

コロナ禍で挑んだ新商品開発

「75%……」

ローズラボを率いる田中綾華は、ため息をついた。２０２０年春、新型コロナウイルスの感染拡大で飲食店の営業自粛が拡がると、主力商品のひとつで飲食店に卸している無農薬栽培の食用バラが行き場を失った。

コロナ禍で新設された補助金の申請書を書いている時、改めて売り上げを確認すると、3月の粗利が前年比75%減という数字が出た。想像以上の打撃だったが、田中をさらに憂鬱にさせたのは、立派に育ったバラの行き先だった。

ローズラボではバラの加工食品と化粧品も作っているが、年間27万輪のバラを計画的に栽培して配分しているため、こっちがダメならあっちにまわす、というのは簡単ではない。冷凍庫のキャパシティにも限界があり、収まりきらない分は廃棄処分にするしかなかった。

5月、余ったバラをどうにかして活用できないかと頭を悩ませながら、補助金を申請するために本社を置く埼玉県深谷市の市役所に向かった。窓口は職員に対して怒鳴り散らしている人、なかなか自分の順番が来なくてイライラしている人、沈んだ様子の人で溢れ、ピリピリとした緊張感が漂っていた。田中は懸命に対応している職員を見て、「なにも悪いことをしていないのに、かわいそうだな」と思うと同時に、冷静さを失わず、市民のために働く姿に「こんな人たちもいるんだ」と心を動かされた。そうして、「職員の人たちに喜んでもらえる商品ってなんだろう」と考えた瞬間、点と点がつながった。

ビニールハウスで作業する田中さん

田中は生来アトピー体質の敏感肌で、コロ

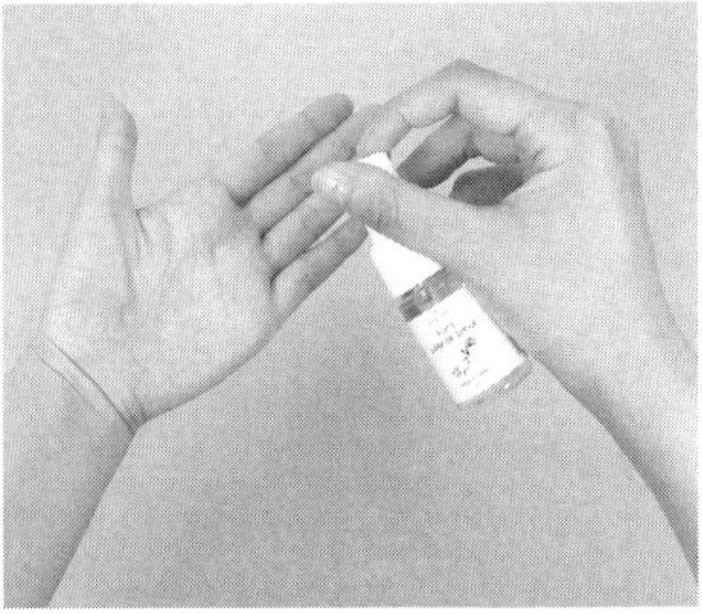

発売から10カ月で約2万5000本売れた
ローズバリアスプレー
（写真提供：ローズラボ）

ナ対策として店頭に置かれている消毒液を手に吹きかけるとひどく痛んだ。それでも消毒をしないわけにはいかず、お店に入るのが苦痛だった。そのことと、コロナ禍で奮闘する職員に少しでもリフレッシュしてほしいという想いが重なって閃いたのが、多機能スプレーの開発だ。

　オフィスに戻った田中はメンバーに声をかけ、すぐに新商品の開発に動き出した。そうしてわずか2カ月で完成したのが、廃棄処分になるはずだったバラを加工したローズウォーターに、サトウキビ由来のエタノールを加えたローズバリアスプレー。医薬品や医薬部外品ではないものの、消毒用エタノールの代替品として敏感肌でも安心して使えるように配慮した。食用バラとオーガニック油などで香り付けした天然由来成分１００％で、マスクにスプレーすればバラの香りが広がって、リラックス効果も期待できる。

　７月、１本１５００円（税別。以下同）で発売を開始すると、田中は翌月にこのスプレーを１０００本、深谷市役所に寄贈した。これは、全職員分にあたる数だ。この頃から口コミで拡がり、やがて爆発的に売れ始めた。２０２１年5月末、発売からおよそ10カ月で販売個数が約2万５０００本に達した。年商1億円のローズラボにとって、食用バラの損失をカバーするのに十分な売り上げになった。

田中に「コロナがもたらした未知の混乱のなかで、どうしてスピーディーに動くことができたのですか？」と尋ねると、田中はフッとほほ笑んだ。

「ヤバい状況をたくさん経験してきたから。つらかった分、タフになったんだと思います」

「こんなに目を輝かせたことあったっけ？」

１９９3年、田中は東京の中野区で生まれ、練馬区で育った。子どもの頃から「なんでもいい」が口癖で、「特技も趣味もやりたいこともなくて、毎日友だちと楽しくすごせればいいじゃんっていう感じ」だった。勉強も、小学生から高校まで続けたバレーボールも「みんながやってるから」という理由で、流されるようにやるだけ。指定校推薦で大学に入ったのは、「受験はしたくなかったんです。少しでも楽な道を選びたくて」。

なにかに熱くなることもなく、ひょうひょうとしながら友だちと恋バナに花を咲かせ、面白おかしく笑って過ごす。それが、18歳までの生活のすべてだった。

　しかし、大学でその「自分らしさ」にヒビが入る。入ったばかりのゼミで、自己紹介の時間があった。地方から来た同級生たちは目的を持って大学に来ていて、明るく前向きに目標や夢を語っていた。田中は自分とのあまりの違いに、打ちのめされた。高校時代、少しでも将来の夢を口にしようものなら「意識高い！」とネタにされてしまうから、絶対に言わなかった。仲間内で浮くのが怖かったから、みんなと同じような服装をして、同じように行動をしてきた。それが当たり前で、なんの違和感も抱いていなかったはずなのに、目の前で胸を張って堂々と夢を語る同級生を見て、バカにする気持ちは起きなかった。ただただ眩《まぶ》しくて、「かっこいいな」と感じた。

「私、こんなにイキイキと目を輝かせたことあったっけ？　これまでなにやってたんだろう……」

　初めて明確に抱いた劣等感は墨汁の染みのように胸の内に広がっていき、そのうちに「自分はなにもできない人間だ」と落ち込むようになった。大学の1年間、いっこうに晴れ間が見えない梅雨空のような暗い気分からなんとか抜け出したくて、田中は「自分はどうなりたいのか」を考え始めた。浮かんできたのは「幸せになりたい」。同級生たちとは比べものにならないほど漠然としていたが、「みんな」に流されず、自分と向き合って生まれた言葉は「どうでもいい」ものではなかった。だから、どうやったら幸せになれるのかを逆算した。

田中にとって幸せとは「健康寿命を楽しく生きること」だった。今度は健康寿命を分解すると、社会人は人生の大半を仕事に費やしていることに気づいた。ということは「仕事が楽しくなかったら、健康寿命を楽しく過ごせない」。それなら、好きなことを仕事にするしかない。

幸せに生きる扉のカギ

ここでまた立ち止まった。それまで「特技も趣味もやりたいこともない」という人生を過ごしてきたから、なにが好きなのかがわからなかったのだ。しかし、家族との会話でハッと気づく。ずっと好きだったものがあった。それが、バラだった。

きっかけは、田中の曾祖母だった。ひとりで子ども7人を育てながら起業して、鞄や靴を作って戦前から21世紀にいたる激動の時代を生き抜いた曾祖母は無類のバラ好きで、ブローチやワンピースなどバラをモチーフにしたものを常に身に着けていた。田中が小学生の時、「なんでバラが好きなの？」と尋ねたら、「バラは女性を美しく強くするんだよ」と教えてくれた。室内でも色の薄いカラーサングラスをかけ、つばの広い帽子や頭にちょこんと乗せるような小さな帽子をかぶるなどいつもファッショナブルだった曾祖母のことが、田中は大好きだった。

曾祖母の影響で、田中家は全員バラ好き。家のカーテンやタオルもバラ柄で、家族旅行ではよくバラ園に行った。食卓でも「あそこのバラがキレイ」「どこどこのバラ園が咲き始めた」とバラの話題が多かった。こうしてバラに囲まれて育った田中も刷り込まれるようにバラ好きになった。ただ、あまりにも自然の成り行きだったから、「私はバラが好き」と強く自覚する機会もなかった。

それを意識したのは、ある日の食事時。「最近聞いたんだけど、食べられるバラがあるんだって」と母親が言った。そこから、いつもの調子で家族はバラの話で盛り上がった。そのなかで田中はひとり、「食べられるバラ」から思考を深めていた。

——食べられるバラか、食べてみたいな。ていうか、バラが食べられないって誰が決めたんだろう。これって固定観念じゃない？　そうやって、私の人生、たった19年間で見たり聞いたりしたことですべてを判断してきた気がする。本当は見えるものも見えないようにしてたんだろうな……。

ここから、目の前に立ち込めていた鈍色《にびいろ》の霧が晴れるように、田中は解放される。

「自分にはなにもできないって落ち込んでるけど、それも勝手に自分でつけたレッテルかもしれない。やってみたら、できるかもしれないのに！」

それまでの19年間を振り返ると、田中にとって唯一「好き」と言い切れるものは、バラしかなかった。それならバラを育てよう。食用バラを育ててみたい。ようやく、幸せに生きるための扉のカギを見つけたような気分だった。

ここで、田中は大胆な決断を下す。「このまま大学にいてもなにも変わらない。1秒でも早くプロになりたい」という想いが湧き上がり、大学2年生の途中で退学届けを出したのだ。止められること、反対されることはわかっていたから、家族にも、友人にも相談しなかった。他人と違う行動をして目立つことを恐れてきた田中の背中を押したのは、曾祖母の言葉だった。

「自分の人生は自分が主役だから、やりたいことやりなさい」

研修先で抱いた危機感

家族にはすぐにバレて想像以上に怒られたが、「そんなことするタイプじゃないでしょ？」と心配もされた。ずっと受け身だった田中が、いつになく自分の意志をハッキリと示したことに戸惑ったのだろう。友だちにも「なんで？」と何度も聞かれたが、後戻りはできない。

田中は食用バラの生産者になるために、一歩を踏み出した。グーグルで検索してトップに表示された大阪の生産者に、「働かせてください」と連絡すると、すぐに許可を得た。農業界は高齢化が進み、人手不足なので、自ら働かせてほしいと申し出る若者は重宝されるそうだ。

大阪に移り住んだ田中は、オーナーに手ほどきを受け、ゼロから食用バラの栽培を学んだ。それまで農業に関心を持ったことがなかったから、見ること、聞くことのすべてが新鮮だった。驚いたのは、ビニールハウスのなかで無農薬栽培をしているにもかかわらず、天候に大きな影響を受けること。栽培時は、いつ頃にどれぐらいのバラを咲かせると計画して出荷の予定を立てるのだが、雨が続くと開花が遅れ、出荷できなくなることもあった。

また、湿度が高いと虫や病気が出やすく、無農薬栽培のため、あっという間に被害が広がることも知った。天候という自分の手には負えない課題を前に「農業は楽じゃないな」と感じたものの、大阪での日々は新たな自分を発見する機会にもなった。

例えば、農業は毎日似たような作業が続くが、田中は「毎日コツコツとなにかを続けること」が苦にならない性格だったから、農作業は「性に合ってるな」と感じた。なにより、「好きなバラに囲まれて一日が終わるなんて最高！」と思えたことが一番の収穫だった。

しかし、研修は思わぬ形で終わりを告げる。ある日、「ルックスもバラの強みだから、たくさんの人に見て欲しい」と考えた田中がオーナーにインスタグラムへの投稿を提案すると、「農家はそんなチャラついたことはやらん！」と取りつくしまもなく拒否された。田中はオーナーがなぜ怒ったのか、インスタへの投稿がなぜダメなのかまったく理解できなかった。

それ以来、「新しいものを取り入れていく姿勢がないと、バラの可能性が閉ざされちゃう。ここにいたら世界中に食用バラの良さを伝えることができなくなる」と危機感が募った。その時の心情を、こう明かす。

「農作業をしていると、どんどんバラへの愛情が深くなっていくんです。感覚としては保育園の先生のような感じで、それぐらいバラに思い入れがあったからこそ、このバラを世界中の人に知ってもらいたいという気持ちが日に日に増していって。バラって世界の誰もが知っている珍しいお花だと思うんですよ。だからこそ、見て楽しむ、香りを楽しむということ以外に、食べるという形で世界中にバラ好きを増やしたいという想いが募ったんです」

間もなくして、田中は決意する。

「ここを辞めて、自分でやろう」

3000万円を用意して起業

1年で大阪から東京に戻った田中は、起業に向けて動き出した。まずは、農地探し。バラは「剪定から毎日の平均気温を足して1000度になると花が咲く」という性質がある。一輪でも多くバラを咲かせて収益力を高めるためには、温暖な気候が不可欠だ。いくつか目星をつけたなかで、田中が選んだのは埼玉県の深谷市。ネギの産地として有名だが、切り花や鉢植えでも全国で屈指の出荷量を誇り、「ほかのお花業界の人と交流もできるかな」という期待があった。酷暑の町として知られる熊谷市の隣りで同じくらい暑いこと、東京に出荷しやすい距離ということも好条件で、さらに新規就農者に手厚いサポートを提供していることも大きなポイントになった。

市役所や商工会議所に出向き、食用バラで起業することを話して「農地を探している」と相談すると、所有する農地を使っていない人を紹介してくれた。日本では高齢化と後継者不足で農業から離れる人が多く、誰も手を付けない耕作放棄地が全国的に問題になっているが、耕作放棄地は見栄えが悪いだけでなく、森のようになって虫や動物の住処《すみか》になるため、近隣の生産者の迷惑になるからと、作物を育てず、ただきれいに保っている人たちも多い。なにも実りがない農地をきれいにするのは根気のいる作業だから、農地を有料で貸すことができて、なおかつ管理もしてもらえるなら喜んで貸すという人もいる。深谷市役所を通じて知り合ったのもそういう人で、話はトントン拍子でまとまった。

同時進行で、創業資金の確保にも動いた。こちらは、祖父母と銀行からの借り入れで、３０００万円を用意することができた。これは主にビニールハウスの建設とバラの苗

食用バラ（写真提供：ローズラボ）

を仕入れるための資金、従業員の給料として使用した。これが農業とは別の事業だと、こうすんなりとはいかないかもしれない。農業は必要不可欠の「食」を担う国の基幹産業なので、行政の就農への補助金が充実しているだけでなく、金融機関と連携しているため、金融機関も各種の手続きに慣れている。だから、１年の研修を終えたばかりの22歳にも、スムーズに融資がおりたのだろう。

こうして２０１５年９月、無農薬の食用バラを栽培する「Flowery（フラアリー）」を設立した（２０１７年４月よりローズラボに）。バラは、大阪の研修先と同じく、ロックウールというスポンジに似た素材を土台にして、そこに根を張らせる方法を採用した。ちなみに、フラアリーという会社名は母親がつけたもので、「由来はよくわからないんです（笑）」。

大学を無断で辞めた時には激怒した両親も起業する頃には全力応援モードで、母親は勤めていた会社を辞め、「３年間だけ手伝う」という約束で、経理を担当。営業職をしていた父からは名刺交換の方法から教わり、週末にはバラの栽培にも手を貸してくれた。

家族の支えもあり、田中の船出は順風満帆……とはいかなかった。ここから「地獄の日々」が幕を開ける。

地獄からの脱出

最初に植えたバラは、およそ3カ月で花を咲かせる。田中は、大阪で学んだ通りに苗を植えて育てた。その数、3000本。最初の頃はすくすくと育っていたのだが、しばらくするとどんどん元気がなくなり、ついに萎《しお》れ始めた。

なんで？　田中は焦った。手順に間違いはない。それならと、遮光カーテンを開け閉めして日照量を調整したり、空気の入れ替えを頻繁にしたりと、考えられる限りの手を尽くした。それでもバラはバタバタと倒れ、やがて3000本、ほとんどすべて枯れた。目の前が真っ暗になった。

しかし、多額の借金をして起業したのだから、やっぱり辞めますと簡単に諦めるわけにはいかない。田中は損失を少しでもカバーするために、ひと通りの仕事を終えた後に居酒屋でアルバイトを始めた。その時のスケジュールは、過酷だ。早朝6時からバラの世話をして、昼過ぎには東京に向かい、売るものもないまま飲食店を中心に営業に回る。夜、深谷に戻った後、居酒屋でアルバイト。帰宅するといつも口をまたいでいて、睡眠時間はだいたい2、3時間だった。

もちろん、それだけでは根本的な解決にはならない。なにが全滅の原因だったのかわからないのは知識不足もあると自覚した田中は、改めて農業を学ぼうと、農業ベンチャーのマイファームが運営する社会人向けの農業スクール「アグリイノベーション大学校」に通い始めた。

ここでは、座学の授業は都内の大学などで開催され、実習は主に千葉や埼玉で行われる。週末にまとめて学ぶカリキュラムだったので、週末は父親にバラの世話を任せて授業を優先した。

平日は農作業、営業、居酒屋のアルバイトに追われ、週末は農業スクール。体力的、精神的にもきつい毎日で、田中はこの時期を「地獄の日々」と表現するが、投げ出したいと思ったことはなかったという。

「自分ひとりだったらとっくに諦めてたと思うんですけど、なにも持っていない私に優しく接してくれた人もいたし、つらい時期を一緒に耐えた社員もいたし、そういうことを考えたら、私はひとりじゃないと思えて、頑張れました」

結果的に、この愚直な努力が地獄から抜け出す契機となる。ある時、アグリイノベーション大学校の講師が、当時、日本一の栽培面積でバラを育てていた大分のバラ農家を紹介してくれた。同社はオリジナル品種の開発に長《た》けており、１００種類以上のバラを取り扱っていた。

同業ということで打ち解けた田中は、バラの栽培に失敗したこと、その理由がわからないことを率直に話した。すると、深谷で指導してくれることになった。その指導を受けるうちに、致命的なミスに気付いた。深谷市は、大阪よりも暑い。それなのに、大阪のレシピ通りに水分量や肥料などを調整していた。それで栄養失調になり、枯れたのだ。

アドバイスを受けて栽培方法を変えると、目に見えてバラが元気になった。これでようやく売り物ができる！　確かな手ごたえを得た田中は半年ほど続けていたアルバイトを辞めて、本業に専念することにした。

バラ風呂に入りながら苦悩した日々

バラを収穫できるめどが立ったら、早急に売り先を確保する必要がある。売れないバラは、廃棄される運命。なんとしてもそれを避けるために、怒濤の営業を始めた。食べログ、ぐるなびなど飲食店が網羅されているサイトを開き、上から順に電話をかけた。その数、１日に１００軒以上。田中はもともと人見知りで、営業は苦手だと思っていたが、それも自らラベリングしたものだったのかもしれない。「自分はなにも持っていないから、できることから一つずつ潰していこう」と腹をくったら、次第に陽気なキャラを演じる「第二の人格」が形成され、飲食店に飛び込み営業もできるようになった。

「食用バラ農家なんですけど、食べるバラって知ってますか？」から始まる営業トークに興味を持ってくれる飲食店は少なくなかったが、なかなか契約には至らなかった。食用バラの使い方がわからないという意見には、納得もできた。しかし、田中と商談をする際、「こんなに若い女の子だと思わなかった。与信の部分が心配だから」と見た目や年齢が理由で取引を断られたことも多く、そのたびに唇を噛みしめた。

田中の苦悩とは関係なく、バラは成長する。売り先がなくても捨てることができず、スタッフにバラを配り、田中は自宅の風呂にバラを浮かべて入浴した。バラの豊かな色彩と香りに癒されながら、「このままじゃダメだ」と次の一手に思いを巡らせる日々が続いた。

1年目の売り上げは、１５０万円。この危機的状況から脱するために、2年目、田中は加工品の製造に乗り出した。大阪での研修時から、廃棄されるバラの数が想像以上に多く、もったいない、どうにかできないかなと思っていたのだ。

とはいえ、加工品を作るノウハウはない。そこで、身近な人を頼ることにした。スタッフの同級生が深谷市で和菓子店をやっていると聞き、バラを持って「ジャムを作ってください」と頭を下げたのだ。その和菓子店「ねだち」は古くから深谷市で営業している老舗《しにせ》ながら、幸運にもオーナーは好奇心旺盛で、チャレンジを厭《いと》わないタイプだった。オーナーと話し合いを重ねながら半年後に完成したのは、バラに甜菜糖《てんさいとう》を合わせたジャム（１２０グラム１８００円）と、これにベリーを加えたジャム（１２０グラム１４００円　※現在は販売終了）の２種類。どちらも甘さ控えめで、口に入れた瞬間、優雅なバラの香りが広がるようにこだわった。

　田中は自信作のジャムを持って、恵比寿ガーデンプレイスで毎週日曜日に開催されるマルシェなどで販売を始めた。タイミングが合えば、どこへでも足を運んだ。ビジネス的な要素が強い飲食店への営業とは違い、マルシェは興味を持ってくれた人へのプレゼン。田中の言葉や振る舞いからは、バラに対する愛情や自信が溢れ出していたのだろう。多い時には１日に10万円を売り上げた。

　さらに、このジャムに目をつけて「うちで買い取って店頭で置きます」と提案してくる小売店まで現れた。悪戦苦闘した食用バラの営業がウソのように、ジャムは飛ぶように売れていった。終わってみれば、２年目の売り上げは３０００万円に達していた。その５割を、ジャムが占めた。

「切り札」で化粧品に参入

食用バラをパックに詰めて飲食店に卸すよりも、加工食品のほうが利益率が高い。大きな手ごたえを得た田中は3年目、化粧品で勝負をかけた。

先述したように、田中はアトピー体質の敏感肌で、子どもの頃から肌になにかを塗る時には成分を確認する習慣がついていた。もし肌に合わないものをつけてしまうと、痛みが出たり、酷い時にはただれてしまうこともある。だから、大人になってからも化粧品には人一倍気を遣ってきた。その知識を活かして、自分と同じような敏感肌の人が安心して使える、無農薬栽培のバラを使った化粧品を作ろう、きっとニーズがあるはずだと考えたのだ。

田中には切り札があった。バラが枯れ果てた創業1年目にバラ栽培のアドバイスをくれた大分のバラ農家とはその後も親しい関係が続いていて、一緒に新種のバラを開発することになった。バラの品種改良は平均5年かかり、約５０００パターンを試作して1種類できるか、できないかと言われている。しかし、すでにいくつもオリジナル品種の開発に成功しており、ノウハウがたまっていたそのバラ農家は圧倒的なスピードで試作を繰り返し、田中とのコラボでは、わずか2年弱で新しい品種を生み出すことに成功した。

　田中が「24（トゥエンティーフォー）」と名付けたバラは、美容に活かすことを意識して開発したもので、一般的なバラよりもビタミンAが10倍以上、ビタミンCが2倍以上含まれている（自社栽培の他種バラと比較）。「24」という名称には、田中の想いが込められている。

「バラって、リラックスだけじゃなくて女性のやる気スイッチをオンにする効果もあると思うんです。特に女性はメイクをする時にスイッチが入るんですけど、その化粧品の香料にもうちのバラが使われていたら、女性のオンとオフをカバーできる。24時間のライフスタイルをサポートする花であってほしいという願いを込めました」

　化粧品の開発というとハードルが高いように感じるが、市場規模が２兆６４８０億円（２０１９年度／矢野経済研究所）と非常に大きいこともあり、化粧品の製造を請け負う企業も数多く、参入障壁は低いそうだ。「化粧品が好きな人であればそこまで難しくない」という。実際、起業から2年目の途中に「24」が完成し、3年目の２０１８年６月には３商品、オイルイン化粧水とクレンジングバーム、石鹸のリリースにこぎつけた。

　バラの成分を含む化粧品はほかにもたくさんあるなかで、田中はバラ農家だからこそできる化粧品作りに挑んだ。その違いは、香りにある。化粧品に最もよく使用されているバラは、ダマスクローズ。なぜ重宝されているかというと、花びらに油分を多く含んでいて、オイルを抽出しやすいという理由がひとつ。タフな品種で、露地栽培でも育つため、海外で大量に栽培されていて、輸入しやすいというメリットもある。しかし、青くさい香りが強く、華やかさには欠ける。そこで、ダマスクローズを使う化粧品は人工的な香りを加えて合成することが多いそうだ。

一方の「24」は先述したように美容成分が豊富に含まれているだけでなく、爽やかな香りを放つ。さらに、化粧水の80%は水分でできているのだが、田中はそのすべてにローズ水を使うなど、天然の香りや美容成分を活かしたナチュラルな化粧品を作ることで、差別化を図った。

２０１８年5月、バーニーズニューヨーク全店舗（銀座、新宿、六本木、横浜、神戸、福岡）で化粧品の先行発売をする機会を得た。これは、開発段階で田中が同社の問い合わせページに営業メールを送ったのが縁で、同社のバイヤーの意見も取り入れながら開発を進めたことで、実現した。

先行販売の当日、田中も銀座店の店頭に立った。マルシェでジャムを売ることに慣れていたから、同じような感覚だった。ところが、お客さんの様子が違った。バーニーズニューヨークを訪れる客は富裕層が多く、女性は化粧品にもこだわりを持っていて詳しい。田中が説明をすると、明らかに前のめりで、値段を見もせずに商品を買っていった。なかには「こんなにいい成分がたっぷり入ってるのに安すぎるじゃない？」と言う女性もいた。そして、ひとりの中国人女性は「これをぜんぶください」と、店頭に残っていた化粧品、およそ10万円分を買い占めて、帰っていった。

先行販売を終えると、ローズラボの化粧品の評判は瞬《またた》く間に広がり、正式発売から2カ月後には伊勢丹の新宿店で取り扱いが始まった。田中は、とてつもない追い風が吹いているのを感じた。3年目の売り上げは、1億円を超えた。

天才に勝つために3倍努力する

それからは加工品と化粧品の商品開発に注力し、7年日の現在は加工品5種類、化粧品は13種類まで増えた。組織も大きくなり、社員とパートタイムのスタッフを合わせて、14人が働いている。コロナ禍で飲食店に卸す食用バラの需要は落ち込んだものの、ローズバリアスプレーを売り出すことでうまく補うことができた。

テレビのコメンテーターを務めるなど、今ではメディアに引っ張りだこの田中だが、１年目のことを忘れてはいない。冒頭で「ヤバい状況」と言っていたのは、３０００本のバラの全滅から始まったつらい日々を指す。彼女がその当時から今に至るまで、自分に言い聞かせている言葉は「天才に勝つために、３倍努力する」。自分は凡人だと自覚しているから、朝から晩まで、土日も関係なく働くことで、世の中の優秀な経営者たちとの差を埋めようと全力疾走しているのだ。

劣等感に苛《さいな》まれていた19歳は、「幸せ」をつかむためにバラ農家の道を選んだ。そして今、「仕事が楽しくて仕方ない」という。

「未来のことを考えるとワクワクして、興奮しちゃって眠れないんですよ。こんな楽しい人生が待ってるなんて、思いもよらなかった」

取材の帰り道、僕は思いを馳せた。バラに囲まれて笑う曾孫を見て、田中の曾祖母はなにを思うだろう。きっと、サングラスの奥の目を細めながら、こう呟いているのではないだろうか。

「やっぱり、バラは女性を美しく強くするね」

小松菜農園を継いだネパール人仏画師が故郷でも新事業

葉っぴーFarm　ダルマ・ラマ

ビニールハウスと仏画

東京駅から北陸新幹線に乗り、富山県の新高岡駅へ向かう。そこからタクシーに乗って県道を東へ10分ほど進み、途中で右折して細い道に入っていくと、ずらっと建ち並んだ24棟のビニールハウスが見えてくる。

ここは、射《い》水《みず》市の「葉っぴーFarm」。ビニールハウスのなかでは小松菜が作られていて、アジア系の外国人の若者が数人、なにか作業をしていた。向かい側には、2階建ての大きな家屋がある。1階はいくつかの機械が置かれた小松菜の加工所で、日本人の女性たちが働いていた。2階は広々としたスペースで、壁には色鮮やかな仏画がいくつも飾られている。それはとても繊細かつ優美な絵で、思わず見入ってしまう。

農業でネパールと日本をつなぐダルマさん
（写真提供：ダルマ・ラマ）

この仏画を描いたのは、ダルマ・ラマ。ネパール出身の仏画師であり、株式会社葉っぴーFarmの社長でもある。仏画を眺めていたら、「お待たせしました—」と言いながら、ダルマが階段を上がってきた。お互いに「初めまして」と頭を下げながら、名刺を交換する。水色のシャツに紺のジャケット、オフホワイトのパンツ姿で流暢《りゅうちょう》に日本語を操る彼は、小松菜の生産者や仏画師には見えず、大学の教員のようだ。

現在、日本では3万人を超える外国人が農業に従事している（2018年時点／厚生労働省「『外国人雇用状況』の届出状況まとめ」）。そのなかでも、ダルマは極めて異色の存在だろう。もともとはネパールで仏画を描く絵師をしていたが、日本人女性と結婚し、長子の出産を機に来日。家族で住み始めた富山県射水市で知り合った葉っぴーFarmの前代表のもとで手伝いを始めたところ、働きぶりが評価されて2017年に事業を継承。それから小松菜の加工場を作るなどして販路を大きく広げるだけでなく、故郷のネパールにも法人を作り、現地で社員を雇って無農薬でえごまを栽培し、日本に25トン輸入している。このえごまは、富山市の特産品事業の一部として使用されている。

やり手の経営者であるダルマはしかし、パートで働きに来ている近隣の女性たちや母国から研修に来ている若者たちと一緒に朝8時からビニールハウスで農作業もする。「すごく忙しそうですね？」と尋ねると、彼はにっこりほほ笑んだ。

「すっごく忙しい！　朝でも夜でもいつでも仕事のことしかない。それでも体が疲れてないってことは、やりたいことをやっているからでしょう。私はお父さんから、みんなのために生きなさい、みんなのためになることをやるのが本当の人間だよと言われて育ちました。日本で学んだことをネパールで活かす、ネパールで学んだことを日本で活かす。それが自分らしく生きるということだと思うんです」

ネパールで農業と無縁の生活を送っていたダルマがなぜ日本で農業に就き、どのように事業を拡大してきたのか。その道のりを、詳しく振り返ろう。

周囲を巻き込み次々「社会貢献」

ダルマは１９７３年、首都カトマンズの北東に位置するヒマラヤ山脈の玄関口、シンドゥパルチョーク郡で生まれた。ふたりの兄、ふたりの姉、４人の弟を持つ９人兄弟のちょうどまんなかだ。ダルマの家は地域で名を知られた大きなお寺で、祖父も、父親も僧侶で仏画師。日本と違い、ネパールのお寺では仏教にまつわる彫刻や絵を描く技術が代々継承されているそうで、ダルマも筆を握っている父の背中を見て育った。

ラマ家のお寺は檀家が多く、ふたりの兄とともに幼少の頃から檀家回りに同行した。その頃は自家用車などないから、遠くの檀家を訪ねる時は山道を歩き、川を渡り、暗くなったら竹に巻いた布に火をつけて、ひたすら歩いた。

歴史あるお寺の息子として育ったダルマは、物心ついた時から父親に「みんなのために生きなさい」と言い聞かされてきた。その影響もあって、高校生になると「社会に貢献できることをしたい」と強く思うようになった。

当時は今より更にネパールが貧しく、高校に進学するとトイレも黒板もなかった。そこで、ダルマは知恵を絞った。ヒンズー教の大きなお祭りの日、子どもたちは地域の家々を訪ねて歌や踊りを披露する。その際に寄付を募り、自分たちで作ることにしたのだ。祭りで集まったお金では足りなかったため、ダルマは親戚中の家を回って事情を説明し、頭を下げると、みな、快くお金を出してくれた。それで不足分を補い、学生たちが集まってトイレと黒板を完成させた。また、同級生や仲間たちを巻き込んで、サッカー大会を開催したりもした。

息子の様子を見て、ダルマの両親はなにか可能性を感じていたのかもしれない。故郷の村では、高校を卒業している人すら珍しい時代に、「大学に行って勉強しなさい」とダルマに言い聞かせた。周りにはまじめに勉強をしている同級生もいなかったから、ダルマは「なんのために？」と疑問を抱きながらも、親の言いつけを守って、当時ネパールに１校しかなかった国立大学、トリブバン大学を受験し、見事、経済学部に合格。高校卒業後、生まれて初めて故郷を離れ、首都カトマンズ近郊にある大学に通い始めた。大学に合格したのは、故郷の村で３人目だった。

「大学に行っても授業を受けるより食堂に行って、友だちとお茶を飲んだりお菓子を食べたりしていました（笑）。すごく楽しかったね」

学生らしく新生活を楽しんだが、「社会に貢献したい」という想いは変わらず、ＮＰＯ

団体を作って、代表に就任。「私がやりましょうと言ったら、なぜかみんなハイハイと協力してくれる」という天賦の才能を活かし、ネパールサッカーリーグの強豪、陸軍が運営するトリブバンアーミークラブのコーチを招聘《しょうへい》して、子どもたちや若者向けにサッカー教室やサッカー大会を開催。さらに、資金を集めて荒れていた山道を整備したり、使い古されたつり橋を架け直したりと忙しく駆け回った。

就職すると笑われる？

当時のトリブバン大学は2年制で、学外の活動に励んでいるうちに、あっという間に卒業を迎えた。筆者の感覚では、ネパール唯一の国立大学で経済学を学んだ学生はエリートで、就職先も引く手あまただと思うが、ダルマは大学を卒業すると故郷に戻り、仏画師として働き始めた。そこには、ネパールならではの理由がある。

「当時のネパールでは、人の下で働いていると、バカにされるんです。私のお兄さんは学校の先生をしていたけど、『え、あの人、ひとの子どものお世話してる！』と笑われていました。もし私が企業に就職したら、『あの人、就職してる！』って下に見られるんです」

この話を聞いて驚き、「それだったら、みんな働かずになにをするんですか？」と尋ねた。その答えにまた、啞然とした。

「だからネパールの人、ほとんど働いてない。今も同じ。そういう悪い環境があるから、ネパールがいつまでも成長できないということが、日本に来て初めてわかりました」

ただし、あらゆる仕事が嘲笑の対象になるわけではない。例えば仏画師は伝統的な仕事であり、しかもラマ家で代々受け継がれてきたものなので、むしろ尊敬される。だから、兄ふたりも仏画師になり（ひとりは教師から転職）、ダルマも同じ道を選んだわけだ。

仏画は非常に細かな線で、仏教的なストーリーが一枚の絵に色鮮やかに描かれている。その絵を一目見れば、誰にでもできる仕事ではないとわかる。ダルマは子どもの時、父親が仏画を描く姿を見て興味を持ち、中学生の終わり頃、色を塗るところから手伝うようになった。手先が器用だったこともあってどんどん上達し、大学生の頃には立派な仏画をひとりで描けるようになっていた。

「子どもの頃から、父が絵を描くところを見るのが大好きで。細かい線を見て美しいと思って、どれだけ見ても飽きない。手伝わせてもらうようになったら、色を塗るだけで楽しかった」

ネパールには仏画師がたくさんいて、実力も価格もピンキリ。ダルマのようにお寺で生まれ、一枚、一枚の仏画が持つ意味を語ることができる者もいれば、仏教的な背景をよく知らず、外国人のお土産用に描いている者もいる。ダルマは絵を描く技術も高かったので、大型の仏画は日本円にしておよそ3万円で販売していた。それは当時のネパールの物価に置き換えると、30万円を超える価値だった。同じ頃、教師の月給は日本円で約６０００円だったそうで、仏画のなかでもかなりの高級品だとわかるだろう。

「1日に3、4時間描いて、あとは自由にしてた」という生活で、仏画もよく売れていたから、ダルマは仏画師の仕事に満足していた。

家族の反対を押し切って結婚

仏画を求める人のためにいつもオープンにしているアトリエに、日本人の観光客が訪ねてきたのは１９９９年のことだった。

英語で二言、三言、言葉を交わしたダルマは学生のようなその若い女性が裕福に見えなかったこともあり、「これ、いいんじゃない？　安いし」と他人が描いた絵を勧めた。女性はその絵を買って、アトリエを後にした。

翌年も、その翌年も、女性がアトリエにやってきた。そのうちに会話も増えて、メールアドレスを交換し、やり取りするようになった。自宅にパソコンがないダルマは、いつもインターネットカフェに通ってメールをチェックした。

ダルマの家は厳格なお寺だったので、異性との交際には厳しく、「結婚相手以外の女性とは一緒に歩くことも認めない」というスタンスだった。ダルマもそれまでは教えに従ってあらゆる女性とできる限りの距離を保ってきたが、その日本人女性だけは特別な存在になった。4年連続で訪ねてきた時、ダルマは村を案内した。すると、その姿を見た家族から「なにをしてるのか」と注意された。そこで、ダルマはハッキリと告げた。

「僕が今まで女の人と喋ったり、一緒に歩いてるの見たことある？　ないでしょ。それなら、僕が今この人と歩いてるってことは、どういうことかわかるでしょ？　この人と結婚します！」

この言葉を聞いて、ダルマの母と姉たちは号泣し、結婚に猛反対した。日本という遠くて見知らぬ国の女性だから、心配もあったのだろう。ダルマもそこまで反対されるとは思わず悲しんだが、父親の一言ですべてが丸く収まった。

「日本も同じ仏教国だ。結婚を認める」

2004年、出会ってから5年後にふたりは結婚。すぐに子どもを授かった。

初めての出産をするには、ネパールの医療に不安がある。ふたりは話し合い、子どもが5歳になる頃までは日本で育て、その後はネパールで暮らそうと決め、2005年7月、ダルマは妻が暮らす富山にやってきた。

ほとんど日本語を話せないまま就職

ふたりが最初に暮らした富山市のアパートで、ダルマはすぐに手持ち無沙汰になった。ネパールでは毎日アトリエに大勢の人が訪ねてきたし、いろいろな用事で1日に50回は携帯電話が鳴った。それが訪問者ゼロ、電話をかけてくる人もゼロになって、「すっごく寂しかった」。

来日する3カ月前から現地で日本語を習ったものの、日本に来たらほとんど理解できなかった。そこでまずは、富山市の国際交流センターで開かれている日本語教室に通い始めた。その教室は週に一度、2時間しかなく、それだけではまったく時間が埋まらないので、日本に来てから1カ月後には、「なんでもいいから仕事がしたい！」とハローワークに向かった。

カタコトの日本語しか話せなかったダルマだが、面接してくれる職場を紹介してもらうことができた。当日、妻の車に乗って面接先の企業を訪ねると、そこは木材を扱う会社で大きな丸太を加工していた。その様子を見て、ダルマは「ええー！　私、ムリ、こんな仕事できない！」と妻に訴えた。それまでアトリエで繊細な仏画を描くのが仕事だったダルマにとって、木材加工の仕事はまったく魅力的ではなかった。しかし、妻に「面接だけでも勉強になるから」と説得されて、渋々と面接に臨んだ。

「ダルマさんですか、どうぞ、どうぞ」と迎えてくれた社長との面接はつつがなく終わり、「とりあえず、体験してみましょうか」と誘われて、ちょっとした作業を手伝った。間もなくして、その会社から採用通知が届いた。

それからは「やるからには失敗したくない。真剣にやろう」という気持ちで、慣れない現場仕事に臨んだ。パソコンで専門的なプログラムを操作する時は、画面に表示される日本語がチンプンカンプンだから、色と形と場所で覚えた。週に一度の休日には国際交流センターで日本語を勉強していたし、その時には子どもも生まれていたから、仕事と語学と子育てで寂しさは消えた。自宅でも職場でも基本的に日本語で会話をしていたから、日本語もぐんぐん上達した。

誰かの下で働くとバカにされる文化のネパールから来たダルマだが、会社員生活は思いのほか楽しかったと振り返る。
「忘年会とか新年会で、みんなからお酒を飲まされてね。最初は苦い、苦いと言ってたけど、２年くらい経ったらそれがおいしく感じられて（笑）。刺身も、健康のために食べるって感じだったのが、おいしくなりました。職場では、私より長く勤めている人もいたけど、途中でリーダーになって。どうやって会社をやっているかというノウハウも学ぶことができたと思います」

仏画師復帰で動き出した人生

職場の仲間と打ち解け、リーダーにも抜擢されて、日本の生活にもすっかり慣れた……と思っていた矢先の２００９年、リーマンショックで会社が倒産。時を同じくして、友人が日本人の仏画師を紹介してくれた。その人から「一枚、描きませんか？」と声をかけられると、それまで眠っていた仏画師の魂に火が付いた。

ネパールから画材や絵の具を取り寄せて一気に描き上げたのは、一枚の曼陀羅《まんだら》。それを展示すると、ダルマの仏画が欲しいという人や「習いたい」という人が次々と現れた。それから、仏画師の仕事に復帰。仏画を描くだけではなく、仏画教室も開いた。

「最初に働いてた会社が倒産しなかったら、そのまま仕事をしていたかもしれない。一枚、曼陀羅を描いたらお客さんがどんどん増えて、これから私の好きなことできるぞ！　と思いました」

ネパールのお寺出身の仏画師が描く本格的な仏画は評判になり、しばらくすると仏画の販売と教室の運営だけで食べていけるようになった。その活動が注目を集め、富山市から依頼を受けて、小中高校を巡って出張授業もした。

ダルマは英語も達者で、3カ国語を自在に操る能力を高く評価され、公式行事でネパールの人が富山に来る際には、県から依頼を受けて通訳もした。

それでも会社員時代と比べれば時間に余裕があったから、小料理屋でアルバイトもした。ネパールでは男性が料理をする文化はないが、「日本の料理はどう作るのだろう」と興味が湧いたそうだ。このアルバイト先を紹介してくれたのは倒産した会社の社長だというから、ダルマがいかに富山に溶け込んでいるのかわかる。

ひと通り料理ができるようになると、今度は友人たちにネパールの料理を振る舞うようになった。「おいしい」と言われるのが嬉しくて、ネパールの母親に連絡してレシピを教えてもらったり、知り合いの料理人にアドバイスを求めたりした。

仏画師としての仕事が順調だったこともあり、２０１４年、ダルマは妻に「私は好きなことをやります」と宣言した。１階を飲食ができるイベントスペース、２階を仏画のアトリエと展示場にした場所を作ろうと考えたのだ。

「お客さんがいない時には２階で絵を描いて、お客さんが来たら下で一緒に食べたり飲んだりできるところがあったらいいなと思って」

５年前に「一枚、描きませんか？」と声をかけてくれた日本人の仏画師と一緒に場所を探し始めた時、紹介されたのがこだわりの小松菜を生産する葉っぴーFarmを営む荒木龍憲さんだった。

用意されていたタイムカード

１９５２年、射水市生まれの荒木さんは当時、小松菜を作りながら自宅の隣りにある納屋をリノベーションして、妻の真理子さんと一緒に、１週間に２日だけカフェを開いていた。そのカフェの２階には、広いスペースがあって、特に使われていなかった。ダルマはカフェで食事をしながら「自分が想像していたことをぜんぶ実現している人がいるんだ！」と心を動かされた。ダルマはカフェにいた真理子さんに自分の計画を話した。すると、初対面にもかかわらず、「ここ、カフェの日以外は使う人がいないから、なにかやりますか？」と言ってくれた。ダルマは即答した。

「やりたいです！」

実はこの時、ダルマは農業にも興味を持っていた。当時のネパールの農村には農薬を使うという習慣がなく、無農薬栽培の作物が当たり前のように流通していた。それに慣れていたダルマは、日本の農家が農薬を大量に散布していたり、食品に得体の知れない添加物が入っていることに戸惑った。どうしても「異物の塊を食べている」という感覚が拭えず、子どもにはそういうものを食べさせたくないからと、なるべくナチュラルな食材を買い求めるようになった。そしてある時、「野菜は自分で作ればいいじゃん！」と閃き、家の庭でキュウリやジャガイモの無農薬栽培を始めた。

すると、予想以上においしい野菜が収穫できたので、もっとたくさん作ろうと知り合いの農地を借りた。そこでほうれん草を植えたところ、虫の姿は見えないのに葉が穴だらけになった。「これはどういうこと？」と疑問を抱いたところから、「農業についてもっと知りたい！」と、持ち前の好奇心に火が付いていたタイミングで、荒木さんのところを訪ねていた。

真理子さんの提案に興奮したダルマは、カフェでネパールに関するイベントを開き、2階に絵を飾り、空いている時間帯に荒木さんの手伝いをさせてもらえたらいいなと考えた。自家用の農地でおいしい野菜を作るために、農業用のさまざまな機械の使い方や収穫の仕方などを教えてもらえたら嬉しいという「軽い気持ち」だった。農業を体験したいと話すダルマに、荒木さんは「いいよ」と二つ返事で応えた。

1週間後に再訪すると、ダルマのタイムカードが用意されていた。あれ？　と思いながら、打刻した。「お手伝い」に来たと思ったら、働いた分のお金を払ってくれると聞いて、ダルマは喜んだ。その日は男性の研修生もいたのだが、もうすぐ研修が終わると言っていた。それを聞いて、疑問がわいてきた。

「あれ？　男がほかに誰もいないぞ。おばあちゃんたちはいるけど、おばあちゃんだけじゃ仕事にならないよな。私がいない時はどうする？」

その日、荒木さんから基本的な作業を教わったダルマは、「男手がなくて大丈夫なのか」と心配になり、帰宅する頃には「できるだけ手伝おう」と心に決めた。「みんなのために生きなさい」という父親の教えを、日本でも忘れていなかったのだ。

「師匠」の歩み

それから、時間を見つけては葉っぴーFarmに通って、荒木さんから小松菜栽培の手ほどきを受けるようになった。偶然にも、そこはゼロから農業を学ぶ上で最適な環境だった。ここで、荒木さんの人生について少し振り返ろう。

祖父は米農家、父親は兼業農家だった荒木さんは、大学の農学部で学び、岡山で10カ月間、ブドウの温室栽培の研修をした後、地元の射水市にガラスハウスを建てて、温室ブドウを作り始めた。近隣にもブドウを作っている人たちがいて、彼らは収穫後の冬、地面に菜っ葉の種を蒔き、春に収穫して副収入を得ていた。荒木さんも同じように春菊やシロナを育て始めたら、「こっちのほうがいい」と思うようになった。

「ブドウは、1年に1回しか作れないじゃないですか。ハウス栽培で風の影響を受けにくいとはいっても、病気になったり、なにかの理由で大きな房に育たなかったら、バラバラにしてパック詰めで売るしかなくて、お金にならないんですよ。その点、葉物野菜は工夫をすれば年に数回、収穫ができるんですよ。回転が早くていいなと」

ほうれん草は隣の高岡市に大きな産地があるから、射水市から遅れて参入するのは難しい。回転が早くて、売れる見込みがある葉物野菜として荒木さんが目を付けたのが、小松菜だった。全国の小松菜の出荷量は約10万トン（２０１９年）で、いわゆる葉物野菜の出荷量では、キャベツ、白菜、レタス、ほうれん草、ブロッコリーに次いで6位につけている。全国で1年を通して売られているから、一般家庭でもなじみのある野菜だろう。しかし、荒木さんが調べた当時、産地としては茨城、埼玉、福岡、東京、群馬の上位5都県が出荷量の5割超を占めており、富山県では小松菜の生産者が少なかった。そこで「全国で1位、2位は無理でも、富山県で一番になりたい」と小松菜の生産に乗り出す。荒木さんは、小松菜もビニールハウス栽培することにした。

「私は横着というか怠け者というか、まず雨の日にカッパ着て作業をするのが嫌だったから（笑）、ハウスにしました。それに市場の人から富山の野菜は一年中出荷されるものがないと聞いたんですよ。まあ、雪が降るから一年中は難しいですよね。でも、富山で一番になるために、量は少なかったとしても安定して年間を通して出荷しようと考えました」

有名ホテルの総料理長が惚れた

富山県では小松菜を施設栽培している生産者が散らばっていて、各地に小さな組織があり、それぞれ独自のデザインの袋や規格で出荷していた。大規模な産地では「茨城県産」「埼玉県産」と産地ごとの表記になっているため、富山県産でもバラバラのデザインや規格だと地元のスーパーにすら並べづらい。そこで各組織の代表およそ10人が集まり、デザインと規格の統一について話し合った。そのうちの半分ほどが一緒にやろうと手を挙げ、小松菜部会を創設。そのなかに小松菜研究会が設けられた。その両方の会長に就いたのが、荒木さんだった。

荒木さんは部会と研究会の会長、そして葉っぴーFarmの代表としておいしい小松菜を切れ目なく提供するために試行錯誤を重ねた。「野菜は土からできる」と毎年のように土壌の改良を進め、有機肥料を取り入れた。防虫対策を徹底して国の基準の3分の1にまで農薬を低減し、出荷する際には残留農薬ゼロにすることにこだわった。出荷量は月々異なるものの、年間を通した出荷も実現した。

甘みが強く、葉が肉厚で食感がしっかりとしていて、ナマでも食べられる荒木さんの小松菜は次第に注目を集めるようになり、葉っぴーFarmとして独自の取引先も拡がっていった。富山に北陸新幹線が通る少し前には、富山県の企画で東京の飲食関係者約20名が富山を訪れた。その1泊2日のツアーに葉っぴーFarmも組み込まれており、一行が訪れた時、荒木さんは生の小松菜を振る舞った。その味に惚れ込んだのが、某有名ホテルの総料理長。これが縁で、今もそのホテルに小松菜を卸している。諸事情で実現しなかったが、全国チェーンの某コンビニからも、ご指名で「荒木さんの小松菜を置きたい」というオファーがあったという。

富山で一番かどうかはわからないが、荒木さんは自身の工夫と努力によって富山県を代表する小松菜の生産者になった。質の高い小松菜を育て、直販まで手掛ける荒木さんは、農業についてほぼなにも知らなかったダルマにとってこれ以上ない教師役だったと言っていいだろう。

「小松菜の匠」が見初めた才能

荒木さんは自身のノウハウを広く伝えるために、若者の研修を積極的に受け入れてきた。いろいろなタイプの若者と接してきたからこそ、ダルマに指導を始めてすぐに気がついた。この男には、才能がある。

「菜葉の収穫はすごくきめ細かい作業なんです。丁寧に扱わないと、菜葉が傷む。その場ではわからないんだけど、出荷して2、3日後に店頭に並んだら、ギュッと握ったところが傷んで黒ずむんです。それを避けるためには、菜葉をかわいがるというか、優しく、丁寧に扱いながら、なおかつ速く採る必要があります。男はこの作業が苦手で、女性のほうが向いていると思っていたんだけど、ダルマさんは日本の男性とは比べ物にならないくらいきれいな仕事をするんです。しかも、研修を始めて何日かしたら、菜葉を採る手も速くなった。彼は器用なんですよ。ダルマさんが描いている絵も繊細じゃないですか」

　農作業で使う機器の操作も、すぐに身につけた。葉っぴーFarmの小松菜栽培はルーティン作業ではなく、常に改善を意識して考えることが求められるが、思考力や柔軟性も期待以上。荒木さんは「さすが、ネパールで唯一の国立大学（当時）を出ただけあるな」と舌を巻いた。

　荒木さんは、農業を始めた時から「サラリーマンと同じくらいの収入を得て、サラリーマン並みの生活をすること」を目標にしていた。だから、毎日の労働時間もできる限り8時間程度に抑え、しっかり貯金もして、60歳で引退をしたら自由な余生を過ごそうと考えていた。

　しかし、後継者がいなければそれも叶わない。それで、これまで何人か、見込みがありそうな研修生に「継いでみないか？」と声をかけてきたのだが、「地元に帰りたい」「長男だから家を継ぐ」といった理由で断られていた。これからどうしたらいいのかと頭を悩ませていた時に現れたのが、ダルマだった。

ダルマの仕事ぶりを見て「この男は！」というこれまでにない手ごたえを得た荒木さんは、ダルマが手伝いに来るようになって間もなく、葉っぴーFarmを継ぐ気があるか、ダルマに尋ねた。その時、ダルマは「自分には難しい」と逡巡した。それは、やりたくないという意味ではなかった。ダルマはその時の気持ちを、こう明かす。

「農業について何も知らない自分が、荒木さんから継いで農業経営しますって、それはちょっと嘘じゃないって思ったんですよね」

戸惑うダルマを見て、今この話を続けるのはプレッシャーになるだろうと判断した荒木さんは、しばらくの間、アルバイトとして畑に来てもらい、ひと通りの作業を教えながら、ダルマの気持ちの変化を見守ることを決めた。

それから数カ月後、ダルマの人柄や姿勢、そして才能に惹かれた荒木さんは改めて「葉っぴーFarmを継がないか？」と提案した。

一方、荒木さんを通じて農業のイロハを学んだダルマは、独特の視点で農業に可能性を感じていた。ネパールでは家族だけでなく、常に大勢の友人、知人と密な関係を築いていたダルマは、日本に来た時、知り合いがひとりもいなくて孤独を感じた。ネパールにいた時と同じように社会貢献がしたいのに、ひとりではなにもできない。家で子どもとふたりきりで過ごすうちに、日本でたくさんの人たちと関係を築き、友だちになればこの子の将来のためにもなると考えた。

「どうやったら町の人たちと交流ができるんだろう？　友だちになれるんだろう？」

最初のきっかけになったのは、仏画の展示だった。作品を通して新しい出会いが生まれた。次に料理を始めたら、明らかにその輪が広がり、友人、知人が増えた。この時に確信した。

「日本は食文化が奥深いから、食べ物を通すことでたくさんの人と交流できる！」

ここで農業が浮上する。葉っぴーFarmの小松菜は地元にもファンが多く、「おいしい」と声をかけてもらうことも少なくない。ダルマの子どもが通う小学校の給食にも使われていて、こだわりの安心安全、おいしい野菜を子どもたちに食べてもらうことも、嬉しいことだった。さらに、近隣の住民と協力してやる用水路の草むしりや掃除など一般的には面倒な作業も、ダルマにとっては交流が深まる楽しい時間だった。

「農業を通して、いろいろな人と交流できる機会を与えてくれるのが、私にとって一番楽しいことですね。荒木さんからいろいろなことを教えてもらって、これならできるなという自信が出てきたので、2回目に誘われた時は、やりますよ、と言いました。やるしかないと思いましたね」

花があれば蜂がくる

荒木さんはダルマを連れて、担い手の育成を手掛ける富山農林振興センターに出向き、「研修生として認めてほしい」と相談した。商工会や同業者、付き合いのある業者のところにも連れて行き、「後を継ぐかもしれないから、よろしく頼みます」とあいさつ回りをした。

当時、富山県では親族以外の「第三者」として外国人が農地を受け継ぐのは初めてのことだった。そのため、研修生としての認可が遅れるなど手続きに手間取ったところもあったが、ダルマは2015年から2年間、荒木さんのもとで研修生として本格的に農業を学び、2017年に葉っぴー Farm と8人の従業員を引き継いだ。とはいえ、ビニールハウスの向かい側に荒木さんの自宅があり、荒木さんも時間を見つけてはダルマとコミュニケーションを取り続けている。

ダルマは荒木さんのサポートを得ながら、事業を進化させてきた。２０２０年には、射水市に本社を置き、北陸を地盤とするスーパー、アルビスと直接取引をスタート。小松菜の収穫量が少なくなる冬にもスタッフの仕事を作るために、ネギの栽培も始めた。こちらも好評で、５反《たん》（約５０００平方メートル）で始めたところ、２０２１年には１町（約１万平方メートル）に拡大する。

こういった取り組みのなかでも大きな変化のひとつは、小松菜の加工場で加工品の製造を始めたことだろう。葉っぴーFarmでは、一般的な小松菜の生産者よりもロスが多く出る。それは荒木さんの時代から変わらず農薬を農水省基準の３分の１まで減らしているからで、覚悟の上だ。

「自分が食べておいしい、安全だよと言えるものだけを売るのが生産者の役割だと思うんです。もちろん数字も見なきゃいけないけど、安心安全が一番だということ」

ロスのなかでも、ダルマがなんとかしたいと思っていたのが、サイズが規格外で流通に乗らないもの。規格よりも大きい、小さいというだけでほかになにも問題がないのに廃棄せざるを得ず、以前から胸を痛めていた。２０２０年６月、富山県の補助金や日本政策金融公庫が農業者用に用意しているスーパーＬ資金、さらに自己資金を合わせて１５００万円弱を投じて加工場を作ることによって、ようやくその罪悪感から解放された。

「生産して加工、販売という栽培から消費者までの道を作らなければいけないというのが現代の農業の経営の在り方だと思います。安くて良いものを消費者に届けようと思ったら、自分で加工、販売した方がコストが安いんですよね。作品を一枚描き始めたらスタートからエンドまで自分の手で完成させたいという私の性格ですから、食べ物の栽培から消費までのルートを完成させたいと思っています」

できあがったのは、冷凍小松菜と小松菜ペースト、パウダー。冷凍小松菜とペーストは賞味期限が１８０日、パウダーは1年で、廃棄分を減らすだけでなく、遠方まで葉っぴーFarmの小松菜を届けられるようになった。冷凍小松菜は、ダルマが個人的なつながりを活かして都内を中心としたネパール料理店に卸すようになった。ペーストとパウダーは、前述のスーパー、アルビスや旅館、カフェなどで販売されているほか、業務用としてパン屋や菓子店にも卸しているそうだ。

農林水産省は農業の成長戦略の要のひとつとして6次産業化を挙げているが、実のところ、成功事例はほんの一握りだと言われている。その理由として、商品を作ることまではできたとしても、生産者は営業や交渉に慣れておらず、売り先を確保するのが難しいことも挙げられる。

その点、葉っぴーFarmはすでに直販の実績と経験があったこと、小松菜自体の評価が高かったことが追い風になった。ダルマが営業に駆け回ることなく、商品を取り扱いたいと先方から連絡が来ることのほうが多いという。

「おかげさまで、小松菜も加工品も直売のところがどんどん増えてきています。積極的に私が営業に行ってるわけではないし、花があれば蜂がくるように、良いものを作れば自然に集まってくるのではないでしょうか？」

母国で始めたえごま生産事業

ダルマが代表に就いてから、もうひとつ新たな事業が始まった。それがネパールでのえごまの生産と日本への輸出だ。きっかけは、２０１５年４月に起きたネパール大地震の際、ダルマが中心となって募金活動を行ったこと。ダルマは責任者として、ネパールにさまざまな支援物資を届けた。その時、多くの人に感謝されながら違和感を抱いた。

「支援物資を『はい、どうぞ』と届けて終わりというのは、違うと思いました。私が日本で学んだことは、そうじゃないんですね。日本ではみんな一生懸命仕事をしてるから、成

100ヘクタールの農地で栽培されているネパールのえごま
（写真提供：葉っぴー Farm）

長した。でもネパールでは、いまだに仕事をしないで昼間からブラブラしているのが普通なんです。だから、まじめに仕事をする日本の文化をネパールに伝えたいなって。そうしないとネパールは地震を乗り越えるのが難しいし、発展できないから」

働くことが当たり前ではないネパールで、どうやって労働の意味を伝えるか。ダルマは考えて、考えて、閃いた。江戸時代より「薬の越中」と呼ばれてきた富山市では、健康的なまちづくりを進めるなかで、栄養価が高く「畑の魚」と呼ばれるえごまに注目。２０１４年から地元企業などとえごまの栽培を始め、えごまの植物工場を新設したり、県の主導で露地栽培を拡げながら、商品開発や販路拡大に動いてきた。２０１７年に策定された第2次富山市環境未来都市計画では、「エゴマの6次産業化による多様なビジネスの推進」を掲げている。しかし、そのためには一定の量を確保する必要があり、富山産のえごまだけでは十分ではなかった。

そこで富山市は原産地であるネパールでえごまを作り、それを輸入しようとしたことがあるのだが、２年間取り組んだもののうまくいかなかったと聞いたのだ。ダルマはその場で「ネパールのことならだいたいわかります。一度、話を聞かせてください」と申し出た。そして、改めて富山市のえごま事業を担う地元企業の社長と話をした時、ダルマは身を乗り出した。ネパールの生産者はもともと伝統的な無農薬栽培をしているから、富山の特産品の原料としてもバッチリだ。ダルマは、伝えた。

「私がやりましょう。責任持ちますよ」

こうして２０１８年、ネパールに葉っぴーFarmの現地法人を設立し、ダルマの故郷、シンドゥパルチョーク郡とその隣に位置するカブレパランチョーク郡でえごまの事業を始めることになった。現地ではダルマの親族が監督にあたっており、ネパール人の社員６名が山のなかにある１００ヘクタールの土地でおよそ２００人の生産者が作ったえごまを買い取り、日本に輸出している。ちなみに、日本の生産者の耕地面積の平均は約３ヘクタールだから、ネパールの規模の大きさがわかるだろう。

日本で社会起業家になる

この事業は2年目で日本向けの輸出量が25トンに達したが、ダルマは満足していない。

「例えばネパールではオーガニック栽培の蕎麦が年に2回収穫できますし、コーヒーや紅茶も名産地です。ヒマラヤ山脈に生えている薬草も、今はほとんどが中国や韓国、インドに輸出されて、そこから日本に入ってきてるんですよ。直接取引すれば新鮮なものを安く買えますよね。こういう仕事を通して、ネパールの人たちにもいいものを作れば売れる、売れたらお金がもらえる、もらったお金で良いものを買ったり、子どもが学校に行けたり、いい循環が生まれる。そうやって実体験から日本の仕事の文化を伝えることで、ネパールの支援にもなる。これからもっとネパールと日本をつなぐビジネスをしたいですね」

富山とネパールを行ったり来たりしながら、ダルマは葉っぴーFarmの売り上げを、荒木さんの時代から2倍超の約4000万円に伸ばした。今後について「今は売り上げを伸ばして生産量を確保して、今度は人材を確保します」と語る。

この人材に関して、ダルマはネパールでのビジネスが日本の農業の課題を解決する手助けにもなると考えている。現地法人があるということは、ネパールで社員として雇用した人物は、転勤扱いで日本に呼び寄せることができる。日本の若者で職業の選択肢として農業を挙げる人は少ないだろうが、ネパールの若者にとって農業は身近な職業のひとつで、抵抗がない。農業に従事することを厭わないネパールの若者を葉っぴーFarmの社員として雇い、高齢化と人手不足で悩む日本の生産者とマッチングできないかと考えているのだ。

ダルマが日本に来てから16年。右も左もわからなかった日本で農業に出会うことで、子どもの頃からずっと意識している「社会貢献」も実現できるようになった。ダルマは日本で生産者、経営者、そして社会起業家になったのだ。

ネパールにいる家族もさぞ誇りに思っているのだろうと思い、それを尋ねたら、ダルマは少し悲しそうに眉を下げた。

「多分、日本に来て、私が一日中、汗をダラダラ流してビニールハウスのなかで仕事をしてるのを見たら悲しむでしょうね。泣くと思います。ネパールの家族に電話する時も、僕が忙しそうにしているのが伝わるでしょう。そしたら、日本でなにをしてるの？　大丈夫？　ここにいたら幸せに生きられるのに、なんでそんなに忙しくしてるの？　帰ってきなさいと言われました。それがネパールの悪い文化です」

この話を聞いて、「ネパールに日本の仕事の文化を伝える」ことの難しさと先の見えない道のりを想像し、一瞬、気が遠くなったが、ダルマはすぐに朗らかな笑顔に戻った。
「私は、日本に来て勉強できて本当に良かったなと思います。仕事の重みというか、仕事の意味が、日本に来てやっとわかりました。荒木さんの後を継いでからは、みんなとワイワイ楽しくできればいいなと思ってやってきて、おかげさまで売り上げは伸びています。今はやりたいことを目一杯やれて、忙しいけど楽しいです」

日本で農業に従事する3万人以上の外国人のなかで、ダルマのような志を持つ人は、どれぐらいいるのだろう。ダルマは間違いなく稀少な人材だが、ほかにいないとは言い切れない。忘れてはいけないのは、転機となった荒木さんとの出会いだ。人柄や才能を認め、外国人に自分の事業を譲り渡すという荒木さんの大胆な決断が、ダルマを現在に導いた。もし、ダルマのような人物が日本に埋もれているのなら、農業界にとって大きな可能性となる。発掘して根気よく磨きをかければ、日本と祖国に橋を架けるような存在に成長するかもしれない。ダルマは今、ネパールに帰国すると数百人の前で講演し、大臣や国会議員などの要人たちとも会合を重ね、日本の農業の生産技術や流通網などのシステムを取り入れて、ネパールの農業を発展させようと働きかけている。

その胸の内にあるのは、父親の言葉「みんなのために生きなさい」だ。

民俗学者が掘り起こした「１本５０００円の蓮根」のニーズ

野口農園　野口憲一

たった3時間で完売

２０２０年11月14日。茨城県のかすみがうら市の蓮根生産者「野口農園」の取締役、野口憲一は目を見張った。その日、同園のオンラインショップで１本５０００円の蓮根を売りに出したところ、用意した35本がたった３時間で完売したのである。これは最速記録だった。

野口が２０１４年に売り出し、当初はまったく売れなかった超高級蓮根が、今や「買いたくてもなかなか手に入らない人気商品」になった。この日本一高価な蓮根はアメリカ、ドイツ、フランス、ベルギー、イギリス、オランダの有名レストランでも採用されている。

５０００円より低価格の蓮根も引く手あまたで、近年、同農園の売り上げは1億円を超えている。

　これまでの過程を振り返り、「正直に言って、こんなに農業が面白いものだとは思わなかったですね」と語る野口は、現在、日本大学文理学部で非常勤講師を務める民俗学者でもある。学者として教壇に立ちながら、現場で蓮根を作り、営業もする異端の民俗学者は、なにを考え、なにを実行したのだろうか？

民俗学者として教壇にも立ち続ける野口さん

「1本1万円で蓮根を売ってきなさい」

　茨城県の土浦駅から車で10分ほど東に進むと、大きな湖が目に入る。琵琶湖に次いで日本で2番目に大きな湖、霞ヶ浦周辺は日本最大の蓮根産地として知られる。

　その湖畔に点在する野口農園の蓮根田は、計13ヘクタール。そのうちのひとつを訪ねると、3人のスタッフが蓮根の収穫中だった。水深50〜80センチほどある田の泥のなかに埋もれている蓮根の収穫作業は、過酷だ。収穫期は、7月から3月にかけて。真夏も、真冬もゴムの作業着を身に着けて泥のなかに身を沈め、ジェットポンプの高圧水で泥を除《よ》けながら、蓮根をひとつひとつ手探りで見つけていく。筋肉でパンパンに張っている野口の足は、泥のなかを歩き慣れた証し。小学生の頃から収穫を手伝ってきた野口は、「僕は膝まで泥がある蓮根田のなかを走れるんですよ」と笑う。

野口農園で栽培している蓮根の７割を占めるのが、「味よし」という品種。これは名前の通り甘みが強く食感が良いのだが、ほかの品種に比べて柔らかくてすぐに折れる、病気にかかりやすい、鳥害が多いなどの理由から生産する農家が少ない。しかし、野口農園の代表を務める野口の父が「一番おいしい」という理由で、ほかの品種より手間のかかる「味よし」の栽培にこだわってきた。

その一方で、蓮根の価格は低迷していた。野口によると、１９７０年に始まった減反政策により、米農家が蓮根栽培に切り替えた結果、１９６０年に３１０ヘクタールだった茨城の蓮根の栽培面積が、１９８０年代には１９００ヘクタールにまで拡大した。日本の農業は生産性を高め、市場に大量供給するというスタイルだから、蓮根の収穫量も急増した。その当然の結果として、価値も落ちたのだ。

かつて、野口農園はすべての蓮根をＪＡ（農業協同組合／農協）に卸していたため、野口の父がどんなに丁寧に「味よし」を育てたところで、ほかの品種の蓮根とまとめて売りに出され、手数料を引いた金額がＪＡから振り込まれていた。平均的には１キロ４００〜５００円。ちなみに、蓮根１本の重さが１キロ程度だ。

野口は日本大学の大学院博士課程の途中で結婚したのを機に実家に戻り、３年間、フルタイムで蓮根の生産に従事していた。その時に「味よし」の栽培の大変さと味の良さを実感したからこそ、「安すぎる」と感じた。なによりも、手塩にかけて作ったものに自分で値付けできないことに納得がいかなかった。

そうしてモヤモヤしていた頃に、転機が訪れた。２０１２年に社会学の博士号を取得した野口は、その年の春から母校で助手の仕事を得た。その仕事の一環で現代民俗学会の研究会に参加し、懇親会の雑談で蓮根の話をしたら、九州女子大学の牛島史彦教授（当時）に「野口君、中国に行って１本１万円で蓮根を売ってきなさい」と発破《はっぱ》をかけられたのだ。

野口はその瞬間、「農業を知らないのに適当なことを言うな」と反感を抱いたが、その一方で、こう思った。「やってやろうじゃねぇか！」

１本１万円の蓮根を売るためにはブランディングが必要だということは、すぐに思いついた。そこで野口が参考にしたのは、ちまたにあふれるブランディング関連の書籍ではなく、１９７０年にフランスで発売されたジャン・ボードリヤールの『消費社会の神話と構造』だった。日本語版の出版社、紀伊國屋書店の内容紹介には、おおむね次のように書かれている。

「洗濯機や自家用車といった各種の商品は、道具として用いられること以上に、社会的権威や幸福感といった他人との差異を示す『記号』としての役割を果たしている。現代の商品は、『記号』として消費されている」

これを「消費者は、商品の機能性だけではなく、商品が持つイメージなどの『記号』から、モノの価値を判断している」と捉えている野口は、そこで気が付いた。

「自分は経営やブランディングについてはまったく詳しくはない。でも、社会学が批判的に見ているものを逆に実践すれば、恐らくブランディングや経営的なものにつながるんじゃないか？」

母親の５００万円を投じてブランディング

小売店を見渡すと、糖度やビタミンCの含有量など機能性をうたう農産物が多いが、機能性は比較されやすく、ほかにもっと良い数字のモノが出たら、消費者はそれを手に取る。

ボードリヤールが指摘するように消費者の心を動かすのは「記号」だとしたら、別のやり方があるはずだ。野口は、野口農園の歴史に着目した。

大正11年（１９２２年）生まれで、野口農園の創業者である祖父、野口國之介は「この家では自分が生まれる前から蓮根を作っていた」と話していた。詳しい記録はないから正確な年代はわからないが、とにかく大正時代に先祖が蓮根を作っていたのは間違いない。そこで、野口は「大正15年創業」とうたうことにした。正直なところ、「15年」という数字に根拠はないという。ただ、世の中で「老舗」が持てはやされるように、その歴史と伝統が「記号」になると考えたのだ。

「農家の人って、自分たちの歴史に価値があると思ってこなかったんですね。誰もすごいと言わなかったから。それは、１００年続いている農家なんてたくさんあるからという話もありますけど、うちはバックボーンとして、祖父の代から蓮根を作ってきたという事実と圧倒的な品質の高さがある。そこに絶対的な自信があったからこそ、ほかと差別化するために記号が必要だったんです」

野口は、野口農園の歴史をブランディングにつなげ、高級蓮根として売り出すことにした。そのためには、消費者に直接販売するしかない。蓮根はたくさん穴が開いていて、のぞきこめばその先が見えるため、「将来の見通しがいい」という縁起物として重宝されてきた。そこに着目し、お歳暮などの贈答用として販売しようと考えた。その場合、１本１万円ではさすがに高すぎると感じ、お歳暮の価格として手ごろな１本５０００円にした。これは、小売店で販売されている一般的な蓮根のおよそ5倍の価格だが、栽培が難しい稀少な「味よし」を育てる先祖代々の技術やかける手間と時間、野口自身が圧倒的においしいと自信を持って言える味を考慮すれば、適正価格だと判断した。

ハイエンドな商品のブランディングでは、洗練されたデザインの箱が必要だ。箱を作ったら、売り先を見つけなくてはならない。そのためには、ＰＲする必要がある。野口が「野口農園の蓮根をブランディングして、１本５０００円で売りたい。その資金が必要だから、野口農園として出してほしい」と家族に相談すると、昔気質《むかしかたぎ》で、黙々とこだわりの蓮根を作り続けていた父親は猛反対した。しかし、野口にとってはその父親が作る蓮根を「適正価格で売るべき」という想いがあるから、一歩も引かない。結局、母親が「そこまで言うなら」と、大切に貯金していた「老後の資金」の５００万円を出してくれることになった。

資金を得た野口は、まず高級感のあるパッケージを作ることにした。デザインは、農業大学校に在学中だった妹と考えた。１本５０００円の最高級蓮根の贈答用に使う化粧箱のほか、もう少し買いやすい2キロ３５００円と4キロ５０００円の商品を作り、それに使う箱を2種類、さらに夏場に使用する発泡スチロールの箱を加えて4種類、計２００万円超の出費となった。

この時、野口はまだ日本大学で助手の仕事をしていたため、農業大学校卒業後の２０１3年から野口農園で働くことになっていた妹にブランディング事業を託そうと考えていた。ところが妹が体調を崩してしまったこともあり、自ら動かざるを得なくなった。

パッケージを整えたら、売り先を確保しなくてはならない。これまではすべての蓮根をＪＡに卸していたから、イチからの開拓になる。市場価格なら１本１０００円程度の蓮根を3倍から5倍の価格で売るために、食品の展示会に出展しようと考えた。

最初に目をつけたのは、毎年3月に開催されているアジア最大級の食品展示商談会「ＦＯＯＤＥＸ ＪＡＰＡＮ」だった。２０１4年3月に開催される回に出展するため、野口は大学の助手の仕事を続けながら準備を進めた。出展料40万円に加えて、試食提供のためのシンク設置、水道、電気、照明、展示台、調理用具、消耗品などひと通り用意すると、およそ１５０万円。これにパンフレット、名刺、それらに載せるロゴなどを作成したら、さらに150万円。パッケージの費用と合わせると計500万円で、母親の老後の資金がきれいさっぱりなくなった。

「どん底」で鳴った電話

迎えた展示会。野口は妹とともに全力で売り込んだ。興味を持ってくれる人も多く、味の評価も上々だった。その場では「いける！」と手ごたえを感じていたが、最終的に決まった契約はたった1件、しかも業務用が1週間に数箱程度だった。

本来なら、現場で名刺交換をした人たちに改めて連絡を取り、商談を進めるところだろう。しかし、妹はこの時もまだ本調子ではなく、野口も大学の仕事があったため、営業してまわる余裕がなかった。そもそも、当時は営業経験もなかったから、積極的に売り込みをすることに罪悪感を抱いていたという。

「たまに、投資しませんかって電話がかかってくるじゃないですか。僕は興味がないから『二度と電話しないでください』と言うんですよ。営業ってそういうイメージで、基本的に迷惑がられるもんだと思っていたから、怖くてなかなか電話できなかったんです」

結局、500万円を投資してほぼ成果ゼロで2014年を終えた野口は、ブランディングに反対していた父親から怒鳴られ、さらに応援してくれた母親からも、もう家に帰ってくるなという罵声を浴びせられた。

その翌年、野口は「二度とうちの敷居を跨がせない」という実家に戻らざるを得なかった。有給の研究職に就いたものの、その稼ぎだけでは生活するには不十分だったのだ。必然的に、民俗学の研究を続けながら、蓮根の販売に向き合うことになった。

「僕ができると言って母親をのせて、老後のために貯めた５００万円を使い切ってしまいました。家にはパッケージやＦＯＯＤＥＸで使った資材が山のように、うずたかく積み重なっていたんです。これがすべて、そのうちに劣化して、ゴミになってしまう。諦めるという選択肢はありませんでした」

追い詰められた野口は考えた。ＦＯＯＤＥＸは大失敗に終わったけれど、展示会以外に顧客をつかむ術はない。もっと出展料が低い展示会に出て、なんとか売り先を見つけよう。

２０１５年７月から11月にかけて、野口は３つの展示会に出ることにした。父親の反対姿勢は変わらず、母親からも懐疑の目を向けられながら、出展資金は野口農園から出してもらうしかなかった。「これで決まらなかったら、もう次はない」という背水の陣だった。

どの展示会でもやはり「１本５０００円の蓮根」のインパクトは強く、いくつかの引き合いがあった。そのなかにはトークイベントの出演、テレビ番組の出演などもあったが、大きな効果はなし。展示会がきっかけでなんとか3件、契約にこぎつけたものの、どれも小さな取引で、これは本当にまずい……と焦り始めたその年の11月、一本の電話がかかってきた。

電話の主は、食品卸業界2位の日本アクセスで働く中谷聖児さん。出展した展示会のひとつ、「アグリフードEXPO東京」で名刺交換をした無数の人のうちのひとりだった。中谷さんは兵庫県で60店舗ほど展開しているスーパーの青果の仕入れを担当していて、そこに野口農園の蓮根を卸してほしいという。その数、なんと数百箱。その年、蓮根生産量国内2位で、西日本の供給源となっている徳島県を台風が直撃し、1年で最大の需要がある正月に蓮根不足に陥る可能性があった。なんとしてもそれを避けたいという話だった。

野口のブランディング事業はそれまで少額の取引しかなかったため、あまりの規模の大きさに野口の両親は「詐欺だ」と疑った。しかし、中谷さんが野口家にまで挨拶に来て、野口も兵庫県に出向いてスーパーを視察し、これは大丈夫だと確信。「うちで一番いい蓮根を送ります」と確約した。これが、起死回生の取引となった。野口農園の蓮根が卸先のスーパーの好評を得て、翌年、日本アクセスとの取引が一気に数千万円規模に発展したのだ。
「中谷さんとの出会いがなかったら、多分もう続かなかったでしょうね」

社会学の名著を参考に

さあ、これで一安心……というわけにはいかなかった。野口農園の蓮根の味とパッケージは、日本アクセスやスーパーからは高い評価を得ていたものの、食べたことのない消費者が手に取りづらいという課題があった。

そこで野口は新たにロゴシール、POP、消費者が自由に持ち帰ることができるレシピシートを作ることにした。この時に参考にしたのは、アラン・ブライマン著『ディズニー化する社会』。

「これは、ディズニーランドのビジネスを現代社会に当てはめて分析している本で、テーマ化、ハイブリッド消費、マーチャンダイジングなどについて書かれています。販促物を増やしたのは、この本のマーチャンダイジング効果からヒントを得ました。社会学としては、ディズニー化する社会について批判的に見てるんですよ。でも、僕は蓮根を売らなきゃいけないんで（笑）」

アラン・ブライマンは、マーチャンダイジング効果について、著書のなかで「人々を魅了したイメージから付加的な収益が引き出せるという原理」と記している。人がディズニーランドでさまざまなグッズを買うのは、単純にそれが欲しいというだけでなく、「楽しい思い出」を呼び起こす装置として買い求めているという指摘だ。

そこから発想を拡げた野口は「派生的なコンテンツを作ることでイメージ的な消費構造を発生させられるんじゃないか」と仮説を立てた。ロゴシール、ＰＯＰ、無料のレシピシートで消費者に野口農園の蓮根を印象付け、スーパーで手に取ってもらおうという戦略だ。この仮説は当たり、消費者からの反応も良くなったという。

レシピやＰＯＰは、「最初のお客さん」であるバイヤーのことも意識して作成した。企画会議で提案する際に、これだけ販促物があればほかの蓮根と差別化しやすくなるだろうという狙いがあった。

流れをまとめると、次のようになる。バイヤーは、売り場をイメージして仕入れをする。高級品の味がいいのは当たり前で、売れる仕掛けまであることを評価して購入を決める。デパートやスーパーなどの小売店では、売り場に変化をつけるために販促物を活用する。その販促物によって蓮根が目立つから、消費者は足を止めて手に取る。高級蓮根を食べたことがない人がほとんどだから、どんなものなのかと興味を持つ。レシピシートがあることで、調理のイメージが湧く。そのうちの何割かは蓮根を購入し、初めての味を体験する。

野口は蓮根の味に絶対の自信を持っているから、なにはともあれ消費者に食べてもらうことが重要だった。そこに至れば、リピーターになったり、口コミで広めたりするファンになってくれるという確信があった。この戦略が当たり、野口農園の蓮根の仕入れを希望する業者が次第に増えていった。この好循環で、野口農園の売り上げも右肩上がりに伸び始めた。

超高級店に売り込みメール

こうなると、周囲の反応も変わってくる。２０１７年、野口農園があるかすみがうら市内の中学生向けの講演がきっかけで、ＪＥＴＲＯ茨城の所長と知り合った。後日、再会した際に「ドバイで蓮根を売りたい」と話したところ、その年の夏、所長の計らいでサンプルを提供することになった。残念ながらドバイの話は発展しなかったが、さらに所長の紹介で、アメリカ向けの老舗食品商社の副社長にプレゼンする機会を得た。そこではすぐに商談が成立し、マンハッタンの最高級の天ぷら店に蓮根を提供することが決まった。

「うちの蓮根は、海外の超高級レストランでも通用する！」

自信を得た野口は、２０１３年にフランスに進出し、わずか1年でミシュラン一ツ星を獲得したことで話題になったパリの懐石料理店「ＯＫＵＤＡ」にメールを送った。すると、しばらくして日本の見知らぬ番号から電話がかかってきた。

「銀座小十《こじゅう》の奥田です」

銀座小十？　と疑問に思いながら話を続けていた野口は、間もなく自分の勘違いに気づいた。「ＯＫＵＤＡ」の奥田透シェフはパリに住んでいると思い込んでいたのだが、実際は「銀座小十」と「銀座 奥田」を構える東京にいたのだ。野口が売り込みのメールに添付したパンフレットの「時は経ち、時代の波に飲み込まれた蓮根は、見た目だけの食べ物になってしまった」という一文が胸に刺さったと電話口で言う奥田シェフは、こう告げた。

「それだけ自信があるなら、東京のお店に送ってください。おいしかったら、まずは日本の店で使います」

実は、この時点で野口は「銀座小十」「銀座 奥田」のことを知らなかった。「ＯＫＵＤＡ」に連絡したのは、パリで有名な懐石料理店というシンプルな理由で、奥田シェフの日本の店舗はチェックしていなかったのだ。だから、電話を切った後に店名を調べて驚いた。

「ミシュラン二ツ星と一ツ星!!」。これは本当の勝負所だと悟った野口は、野口農園でも最高品質の蓮根を選んで送った。その数日後、奥田シェフから電話があった。

「言うだけのことはあると思いました。おいしかったです。使わせていただきます」

この一言で、「銀座小十」と「銀座 奥田」での採用が決まった。

奥田シェフはさらに、品質を落とさずに配送できるなら、パリの店でも使うと言ってくれた。奮い立った野口は、配送手段を探した。フランスにはさまざまな規制があり、日本の生鮮食品を輸出しにくい国として知られる。

しかし、どこかに突破口があるはずだと日本中の商社に連絡を取ったら1社だけ、九州で獲れた鮮魚をドイツのフランクフルトに輸出していた商社、兼松の九州支店の出口義且支店長から「できます」と返事があった。こうして、パリの「ＯＫＵＤＡ」にも蓮根を届けることができるようになった。

野口農園の高級蓮根
（写真提供：野口農園）

さらに、兼松との縁によって、日本人駐在員が多く、日本食レストランも充実しているフランクフルトで、兼松の子会社でドイツ法人の商社 Fujita & Co.を通して、現地の高級寿司屋でも使われることになった。

こうして売り先に海外の超一流店が加わったことで、野口農園の蓮根はますます注目を集めるようになり、メディアに取り上げられる機会も増えた。その影響もあって国内外でその評判は広く知れ渡り、営業せずとも「蓮根を売ってほしい」と頼まれる立場になった。２０１９年４月には、初めての著書『１本５０００円のレンコンがバカ売れする理由』（新潮新書）も発売した。

日本の逸品を世界に届ける

１件の小さな契約しか取れなかった２０１４年３月のＦＯＯＤＥＸから７年半。最初の頃は「嘲笑されていた」という野口の取り組みを馬鹿にする人は、もういない。アメリカ、ヨーロッパ、日本に広がる蓮根の卸先には、予約の取れない名店からミシュラン三ツ星までそうそうたる名前が連なる。野口はそれまで日本に存在しなかった１本５０００円という超高級蓮根のニーズを掘り起こし、マーケットを生み出したのだ。

以前から「学者として、社会貢献をしたい」と考えていた野口はここ数年、自らが培ったノウハウやコネクションを活用することで「農業の価値を高めたい」と思うようになった。その試みとして２０２０年９月から、野口農園の蓮根をドイツに展開している商社Fujita & Co.の奈良憲社長と手を組み、世界で勝負したいという熱い想いを持つ日本の生産者の商品をヨーロッパのトップシェフにつなげる「日本産野菜紹介プロジェクト」を始めた。

野口の役割は、これまでの活動を通して広がった日本の生産者のネットワークを活かし、ヨーロッパ進出を目指す生産者を発掘すること。もちろん、誰でもいいというわけではなく、作物のクオリティの見極めも野口が担う。品質だけでなく、品種自体の稀少性や農薬、化学肥料の使用状況などを細かくチェックし、ヨーロッパのシェフからなにを聞かれても答えられる状態で、商社に引き継ぐ。商社は野口農園の蓮根の卸先などを中心にアポを取り、シェフにプレゼンする。

この取り組みに参加している正規メンバーはすでに４人いて、ブドウの生産者が２名、アスパラが１名、万願寺唐辛子が１名。ほかに野口が「いずれ参加してほしい」と考えている生産者が３名いる。これまでに（２０２１年７月末時点）、静岡産超高級ワサビ、青森県産シャインマスカット、稀少な土耕栽培の芽ネギなどが海を渡った。このうち、芽ネギはベルギーの五ツ星ホテル内のレストランで採用が決定。今後もさらに売り込みを続けるという。

「海外で高く評価されるような一級品の農産物を作っている人が、経営的にブランディングできるかと言えば、そうじゃない場合も多いんです。そこで僕らが代行することで、日本発のラグジュアリー農産物のマーケットを作りたい」

野口がしてきたように自力で海外のマーケットをこじ開けるのは難しいし、海外に挑みたい人たちが個別に試行錯誤するより、既にあるルートを使ったり、チームを組んで販路を拡げたりする方が効率がいい。商社にしても、トップシェフは多忙だから、ひとつ、ひとつ別の日に提案するより、「こういう商品を揃えている」とまとめてチェックできるようにしておいた方が喜ばれる。

安価に大量生産したものを全国に配るのがＪＡだとしたら、野口が目指すのは厳選された日本の逸品を世界に届ける生産者のアライアンス。その看板になるようにと、２０２１年6月、「柳蓮田《やなぎだ》」というブランドを立ち上げた。アライアンスに参加する生産者が野口農園の傘下に入ったと勘違いされないようにという配慮でもある。２０２２年より本格稼働を予定する柳蓮田という看板の下に、野口農園の蓮根やアライアンスメンバーのワサビ、シャインマスカット、芽ネギなどが並ぶイメージだ。

現在は海外のレストランに直接卸す交渉をしているが、将来的には、国内外のデパートやスーパーの棚の一角に「柳蓮田」のコーナーを作るのが目標だという。柳蓮田のブランドが確立し、参加を希望する生産者が増えたら、メンバーから参加費を徴収する計画も立てている。

野口は、先頭に立って新しいチャレンジを始めた。野口農園の創業者である祖父、野口國之介が蓮根栽培を始めた田で採れる蓮根に限り、これまでの価格の10倍、１本５万４０００円の価格をつけたのだ。

この田で採れた蓮根は、１本５０００円の蓮根ではなく、ミシュラン星付きのレストランなどに卸してきた特別な蓮根で、これを一般の人にも味わってもらおうとこの価格をつけた。販売開始時期は未定だが、國之介の田で採れたもののなかでも最も出来のいいものを選ぶため、本数は極めて少数になる。

読者のなかには、「さすがに、高すぎるでしょ！」と心のなかで突っ込んでいる人も多いだろう（僕もそう思った）。しかし、思い返せば野口が１本５０００円の蓮根を売りだした時も、世の中の大半の人はまったく同じ反応を示した。その時と同じように、１本５万４０００円の蓮根も、柳蓮田のプロジェクトも、野口は可能性を信じて前に進むだけだ。

「日本の農家が超世代的な苦労の末に身に付けた高度な技術と技能で作られた本当においしい作物は、もっと高く評価されるべきだと思うんです。自分たちが本当においしいと思えるものを作って、日本や海外の超高級レストランと仕事をしていたら、農業ってかっこいいという文化が育ってくるでしょう。それが農業の価値を高めることにつながると思っています」

国境を越える

日本の「外」から拡がる可能性

幻の胡椒を復活

・外国の特産品を日本人が売る

・「お土産」で売り上げ急増

お茶ツーリズム

・外国人を惹きつける農地の風景

・インターンの提案が収益の柱に

佐渡で挑むワイン造り

・天才醸造家が驚く日本の土地の力

・地域の「空き地」を活用する

・「高く売る」以外の選択肢

「世界一おいしい」カンボジア胡椒を復活させた男

クラタペッパー　倉田浩伸

秋篠宮殿下の言葉

２００１年６月21日、倉田浩伸《ひろのぶ》は、胸の高鳴りが抑えきれなかった。

その日、秋篠宮夫妻が皇族として初めてカンボジアを訪問。首都プノンペンにある日本大使館で、御接見会が催された。会場にはカンボジアで事業をしている日本企業の社員などが招かれた。かつて「世界一おいしい」と評価されながら、内戦で生産が途絶えたカンボジア特産の胡椒《こしょう》を復活させるために奔走してきた倉田も、そこに呼ばれたのだ。

当日の会場には70人ほどいて、パーティーが始まる前、秋篠宮夫妻の随行員が参加者ひとり、ひとりから、カンボジアでなにをしているのかを聞き取った。その際、倉田は「カンボジアで胡椒を作っています。かつて世界で一番おいしいと言われた素晴らしい胡椒なんです」と伝えた。すると、随行員から「殿下は農業に関心があります。ぜひ紹介させてください」と言われた。秋篠宮夫妻と言葉を交わすひとりとして、随行員に選ばれたのである。

カンボジアのスタッフと倉田さん
（写真提供：クラタペッパー）

パーティーが始まってから、秋篠宮夫妻がひとり、ふたりと順々に話をしていき、最後にまわってきたのが倉田のところだった。倉田は自己紹介をして、「カンボジアの世界一の胡椒を復活させたいんです」と伝えた。それを聞いた秋篠宮殿下は、いつもの柔らかな口調で「そうですか、そんなにいい胡椒があるならぜひお土産で買って帰りたいですね」と言ってくれた。

パーティーが終わってからそのことを領事に相談すると、「殿下のお土産はいろいろな人が検討して、検品したものしか渡せない」と言われた。「それもそうか」と納得して、大使館を後にした。

翌朝、寝ている時に携帯が鳴った。電話に出ると領事からで、話を聞いて一気に目が覚めた。

「倉田君、殿下が、胡椒が届かないと仰《おつしや》っている。今すぐお届けに上がれるか？」

ちょっとお待ちください！　と電話を切った倉田は、慌てた。それまでは胡椒をまとめて日本に輸出していたので、お土産として渡すようなパッケージがなかったのだ。手元にあった胡椒をスーパーの袋に入れてそれらしくラッピングし、殿下が宿泊していたホテルに駆け込んだ。

それから数カ月後、大使館からＦＡＸが届いた。そこには、「とてもおいしかったです、またいただきたいです」と書いてあり、秋篠宮殿下の署名があった。そのＦＡＸを目にした瞬間、それまで胡椒の売り方に悩んでいた倉田の脳裏に電撃が走った。

「そうか、お土産か！　胡椒を輸出するんじゃなくて、お土産として売ってみよう！」


「人はなんのために生きるのか」

倉田はそもそも、なぜカンボジアにいるのか。そこには、強烈な体験がある。

１９６９年、郵便局員の父、看護師の母のもと、次男として三重県津市で生まれた倉田にとって、１９８４年10月26日は絶対に忘れられない日だ。その２日前、24日が15歳の誕生日だった。しかし、どういうわけか両親も、４歳離れた兄もそれをすっかり忘れて、なんのお祝いもされないまま誕生日が終わった。

翌日も家族の様子は変わらず、誕生日を忘れたことにすら気づいていない。そのことに傷つき、怒った倉田は、夕食の時間に尋ねた。

「昨日、なんの日だったと思う？」

ハッとした両親は慌てたが、兄は茶化した。兄の19歳の誕生日はちょうど１カ月前で、両親からバイクをもらい、みんなでお祝いをしていた。

「兄貴はみんなに祝ってもらったのに、俺の誕生日は忘れんのかよ！」

倉田少年は席を立ち、自室に向かった。すると、兄が「なんだ、その態度は！」と追いかけてきて、取っ組み合いのケンカになった。

そのまま仲直りもせず、迎えた10月26日の朝。その日、父親は名古屋に出張、母親は慰安旅行でともに早く家を出ていて、兄も既に出かけていた。

ひとりで朝食を食べて、登校。中間試験の初日で学校が早く終わり、帰宅すると家の電話が鳴っていた。出ると、警察からだった。

「お兄さんがバイクの事故で亡くなったから、遺体を引き取りに来てほしい。事故現場の青山高原に行けば、場所はすぐにわかります」

それから親戚の車で事故現場へ急行。そこには、兄の遺体が横たわっていた。その場で遺体を引き取ることになり、親戚の車の後ろの座席に兄を横たえ、倉田が寄り添う形で帰宅した。

なぜ、こういう事態が起きたのか、後になって両親が警察や消防署に問い合わせたが、曖昧な返答しかもらえず、うやむやのままだった。

倉田はしばらくの間、「兄はまたすぐに帰ってくる」という感覚が抜けなかった。一方で、兄の短い人生に対して憤《いきどお》りにも似た感情を抱いた。

親の言うことを聞いて、行きたくもない大学に行って。バイクが大好きで、月に一度は鈴鹿サーキットにレースを観に行って、ようやくバイクを手に入れたと思ったら、1カ月で死んじゃって。あいつはなんのために生まれてきたんだ？

倉田は小学生の頃、激しいいじめにあっていた時期がある。あまりに理不尽な暴力に、「命がもたんかも」と思ったこともあるという。それ以来、「死」を意識するようになった。

さらに兄の死に直面したことで、「人はなんのために生きるのか」という疑問が頭から離れなくなった。

終戦間もないカンボジアへ

生と死の意味について思いを馳せるようになった倉田少年の人生を変えたのは、一本の映画だった。高校１年生の夏休みに観た『キリング・フィールド』。カンボジア内戦下、ポル・ポト率いるクメール・ルージュが行ったとされる暴挙、虐殺を描いた、実話に基づいた映画である。

倉田は不思議だった。民主主義と共産主義の争いでも、宗教戦争でもないように見える。ただただ残虐に、人々が殺されていく。どうしてこんな悲惨なことが起きるのかという疑問から、特に近代のカンボジアの歴史や文化を研究し始めた。同国は19世紀にフランスの植民地になり、１９５３年にカンボジア王国として独立したものの、１９７０年にクーデターによってクメール共和国が誕生。さらに内戦が起きて１９７６年に民主カンプチアが成立し、20年以上に及ぶ内戦を経て１９９３年、カンボジア王国に戻ったという激動の歴史がある。

高校時代、すっかり「カンボジアおたく」になっていた倉田が、実際に同国を訪ねることになったのは、アメリカ人から言われた一言が引き金だった。

一浪して１９８９年、亜細亜大学の経済学部経済学科に入学した倉田は、２年生の時、アメリカに５カ月間、語学留学した。その最中の１９９１年１月、湾岸戦争が勃発。その時、アメリカ人の学生にこう言われた。

「日本は金だけ出しててていいよな」

この一言で、頭に血が上った。あちこちで戦争を仕掛けて、世界を混沌とさせているのはどこの国だ？　しかし、「顔が見えない国際貢献」と指摘されれば否定できないもどかしさもあった。その怒りと悔しさで、啖呵《たんか》を切った。

「おれは絶対に人的貢献をしに行ってやる！」

翌月、留学を終えて帰国。偶然にもその年、国際社会は20年以上続いていたカンボジア内戦を終結させるために動いていた。そして10月、フランスのパリで和平協定が結ばれたことで、復興に向けて世界が一気に動き始めた。その波に乗り、倉田はＮＧＯのボランティアとしてカンボジアの復興支援に出向くことになった。

１９９２年８月、高校時代からカンボジアおたくだった青年は、まるでなにかに導かれるようにして、首都プノンペンに降り立った。

無償で学校に行ける環境を作るために

カンボジアでは、ボランティアの一員として、内戦で国内外に散り散りに逃れた避難民を故郷に帰還させるプロジェクトで働いた。そこで、つらい目に遭ってきたはずのカンボジアの子どもや若者たちの笑顔や前向きな姿勢に感嘆。「これから自分たちで国を作っていく彼らの力になりたい」という想いが強くなり、プロジェクト終了後も志願して現地滞在を1カ月延長した。さらに、いったん帰国した後、12月に自費で再訪。翌年の2月まで支援を手伝った。

その間、なにかしらカンボジアにかかわる仕事に就こうと日本で就職活動もして、カンボジアと日本の貿易代行業を手掛ける企業から内定を得た。ところが、その企業の社長が「現地でなにか起きても会社に責任を問わない」と一筆書くように倉田の両親に求めると、両親はそれを拒否。就職も破談になった。

「両親は、私がカンボジアに行くことに最初からずっと反対していたんです。つい最近まで内戦していたような国ではなにが起こるかわからないと。兄が亡くなり、子どもが私ひとりになったので、心配だったんでしょう」

両親の不安は、的外れではなかった。ボランティアとして国連カンボジア暫定統治機構（UNTAC）に派遣され、選挙監視員を務めていた中田厚仁さんが射殺されたのは、倉田がカンボジアから戻った2カ月後だった。この事件は現地にいる日本人に衝撃と恐怖を与えたが、倉田の熱が冷めることはなかった。

就職先を失った青年に手を差し伸べたのは、最初にカンボジアに行く機会を与えてくれたNGOだった。大学卒業後はそこの事務局員となり、カンボジアで展開されていた学校建設プロジェクトに携わった。渡りに船で理想の仕事に就いたはずの倉田はしかし、1年で退職した。カンボジアの現実を思い知ったからだ。

内戦からの再建が始まったばかりの国では、国民が税を納める仕組みも、国が税を配分する仕組みも整備されていない。国に税収がないということは、教師に給料が払えない。その環境で学校を作れば、教師の給料を支払うために学校を有料にせざるを得ない。貧しい子どもたちは学校に行けないのだ。

「無償で学校に行ける環境を作るためには、大人の所得が上がって、税金が納められるようになって、経済的自立をしないといけない。学校を増やす前に、所得を増やす手伝いをしたい」

ＮＧＯを辞めた倉田は、１９９４年、プノンペンに農業に関する調査を目的とした事務所を設立した。カンボジアでビジネスをするなら農業だと考えたのだ。

「タイもベトナムも先に戦争が終わって、工業化が進んでいく。今からカンボジアが後を追いかけても間に合わないだろうと。では、なにをするか。ポル・ポトがパリ留学時代に書いた論文には、水も土地も豊かで食べるに困らない国だという記述があります。産業は時の流れで変化しますが、農業は人間が生きていく限り絶対になくならない。肥沃な土地を活かして、もう一度、農業をベースに家族みんなが幸せに生きていけるような形ができないかなと思いました」

大伯父から託された幻の資料

カンボジアの産業になる農産物を調べ始めたところ、農業省、農業局に行っても、戦火で焼けて、なんの資料も残っていなかった。とにかく、農業をビジネスにするためには輸出だと日本の検疫情報を調べたが、そもそもカンボジアにあるほとんどの穀物、野菜の輸入が禁止されていた。そのなかでいくつか、検疫に引っかからないものを見つけた。そのひとつが、独特の匂いで有名なドリアンだ。

産地を訪ねて、その日の朝に採れたドリアンを食べた瞬間、目を見開いた。フレッシュなものは特有の匂いがしないうえに、その果肉はカスタードクリームのようで、想像を超えるおいしさ。これを日本に輸出すれば商売になる！　と閃き、築地の仲卸で働いている友人に連絡すると、試しに30個を送ってほしいと言う。

倉田は採れたばかりの新鮮なドリアンを仕入れ、日本に空輸した。すると、すぐに完売。友人からは１００個の追加注文が届いた。

よし！　前のめりになった倉田は急いでドリアンをかき集め、プノンペン空港に持っていった。その窓口で、ガックリとうなだれた。実は、ドリアンの熟すスピードが想像以上に早く、最初の輸出の際、プノンペンの空港に着いた時点でかなりの臭いを放っていた。とはいえ、「くさいから輸出できない」という規定もないので、特に問題なく手続きできた。それが機内で強烈な臭いを放ったらしく、航空会社は対処に困ったのだろう。この時は窓口で「なんの対策もしていないドリアンの積載は禁止」と通告されたのだ。１００個のドリアンは輸出されることなく、倉田の財布からなけなしの資金が飛んでいった。

次に目をつけたのは、ココナッツ。これも日本の検疫上は問題なかった。ドリアンの時は荷物を預けて失敗したので、今度は手荷物にして自分で運ぶことにしたのだが、日本に着いた倉田は頭を抱えた。気圧の変化に耐え切れず、ココナッツがスーツケースの中で破裂。リゾート地でよくジュースとして売られている甘い液体が、スーツケースからじわーっと滲《にじ》みだしていたのだ。

早くも行き詰った倉田に希望の光をもたらしたのは、母方の大伯父だった。

日本とカンボジアは１９５９年、「日本・カンボジア経済技術協力協定」を締結。翌年から、無償援助の一環として農業技術などが伝えられた。大伯父は１９６０年代、農業指導や加工品を作るプロジェクトでカンボジアに赴任していたのだ。

実は、倉田はこの大伯父がかつてカンボジアにいたことを知らなかった。息子がカンボジアに滞在することを望んでいなかった母親は、そのことを伏せていたのだ。しかし、体調を崩して三重県の自宅で療養していた大伯父から「（倉田に）どうしても会いたい」と言われて、断れなかったのだろう。ココナッツを運ぶために帰国していた倉田に、「あなたに会いたいという親戚がいる」と伝えた。

驚いた倉田は、すぐに大伯父を見舞った。その時、大伯父から古い資料を託された。それは、大伯父がカンボジアから日本に戻るときに持ち出したもので、表紙にはフランス語

大伯父から託されたカンボジアの資料
（写真提供：クラタペッパー）

で「国立統計局・経済研究所」と書かれていた。

大伯父は、「カンボジアはいい資源がたくさん眠っている。これからカンボジアは発展していくだろう。農業はその基盤になる」と言った。そして、こう付け加えた。

「かつて、カンボジアには世界一と評されたクオリティの高い胡椒があった」

カンボジアで胡椒？　初耳だった倉田は、「そんな話は聞いたことがないけど、調べてみます」と約束した。

内戦を生き抜いた老人と胡椒の木

カンボジアに戻ると、資料に最大の生産地と記されていた南部のカンポット州に足を運んだ。そこには確かに胡椒を作っている農家が3、4軒あったものの、胡椒の木がいかにも貧弱で、頼りない。生産者に声をかけると、「以前は胡椒の産地だったけど、内戦中にほぼ壊滅したから、苗はコッコン州で買っている」と言われた。

　それならと、西隣りのコッコン州に向かった。舗装されていない凸凹の道を車で走りながら、カンポット州で聞いた地域へ。そこで道行く人に「胡椒を作ってる人を知りませんか？」と尋ねていると、何人目かに知っているという人が現れた。その人に聞いた場所に行くと、家庭菜園ほどの広さの農園があり、立派でみずみずしい胡椒の木が立ち並んでいた。そこにいた高齢の男性に話を聞いた。

「昔からここで胡椒の栽培をしていたけど、ポル・ポト時代に3年半、収容所に入れられた。その間、誰も手入れすることが許されなかった。収容所から出てきたら、放置された畑で3本だけ生き残っていたんだ。それを少しずつ挿し木して、３００本まで増やした。昔はこのあたり一帯で胡椒を作っていたけど、今はここしかない」

　老人は「倉庫が市場のほうにあるから来い」という。案内された薄暗い倉庫のなかでは、窓から光が差し込み、その先で梅干しを漬けるようなガラス瓶に入った胡椒がピカピカと光り輝いて見えた。老人は布袋に入った胡椒を持ってきて見せてくれたが、それよりもガラス瓶のなかにある胡椒が気になる。あれはなに？　と聞いたら、「あれは特別な胡椒で、自分たちで食べるから売らない」と言う。「わかった、でも少しだけ見せてほしい」と頼み、ガラス瓶を開けると、なんとも甘酸っぱい匂いが鼻孔に広がった。

「え、なんで胡椒の匂いが甘いの!?」

「これは真っ赤に熟した赤い実だけを一粒ずつ手で収穫した特別な胡椒で、うまいんだ」

老人は自慢げにほほ笑んだ。

倉田は頼み込んで、数粒、食べさせてもらった。胡椒はピリリと辛いというイメージが吹き飛んだ。辛味のなかにも甘味があり、最初に浮かんだ言葉は「おいしい！」。

ガラス瓶のなかの胡椒が光って見えた理由もわかった。完熟させた胡椒は、果肉にある糖分が表に滲み出る。それが光を反射するのだ。

宝物を探し当てたような気がした倉田は、興奮状態で、老人にオファーをした。

「一緒にこれを作ろう！」

１９９５年６月のことだった。


「お前は悪の商人だ」

倉田は当初、老人とほかに少量の栽培をしていた近隣の農家に完熟胡椒と普通の胡椒を生産してもらい、それを買い取って日本で販売しようと計画していた。それから2年間、苦悩は絶えなかった。そもそも生産量が少ないので、日本で売ろうとしても、なかなか売れなかった。業者はまとまった量を求めるし、当時は現在のようにネットで個人に販売するチャネルがなかったからだ。

胡椒の仕入れも、頭痛の種だった。胡椒を入れた布袋のなかに石ころ、貝殻、木の枝が紛れ込んでいるのは日常茶飯事。雨が降っている時に限って、布袋が外に放置されている。なぜか？　１キロいくらで買い付けるという契約をしたため、農家の人たちがあの手この手で少しでも重くしようとしているのだ。

これでは信頼関係が築けない。１９９７年、倉田は老人の息子に「自分も収穫にかかわるから」と話をつけ、胡椒の木を買い付けて、１ヘクタールの自社農園を手に入れた。この時、日本で起業した際に国民金融公庫（当時）から借りた６００万円を「ドーン」と投じ、有機無農薬栽培のクラタペッパーが、産声を上げた。

農園のオーナーになって新たな一歩を踏み出したが、資金的には一気に余裕がなくなった。自社農園の胡椒が実をつけるまでには時間がかかるし、そもそも既に仕入れた分も売れ残っていた。このままだと食っていけない。なんとかして稼がなければと倉田が始めたのは、日本の中古医療機器の輸入販売。ニーズが高く、最初にコンテナ１台で仕入れた分は高く売れた。

よし、これはいけるぞ、と手ごたえを感じたが、日本から遊びに来た友人に「医療機器がよく売れるんだ」と自慢げに話したら、「お前は悪の商人だ」と罵《ののし》られた。

「カンボジアには保険がない。医者は投資を回収するために、患者に高く請求する。お前が高く売った分、医療費が上がるんだ。子どもを学校に行かせられない親の収入を上げると言っているのに、真逆のことをやってるじゃないか」

この時、倉田は「そうだよな」と納得して、好調だった医療機器の輸入販売をあっさりと止めてしまう。それはきっと、カンボジアに初めて来た１９９２年、大学４年生だった倉田が現地である人から言われた言葉が影響しているのではないだろうか。

その人は、馬渕直城《なおき》さん。カンボジア内戦の写真を撮っていたカメラマンだ（同じようにカンボジア内戦を取材していた日本人ジャーナリストは10人以上が死亡、あるいは行方不明となった）。

馬渕さんとは、ＮＧＯの宿泊所のロビーで出会った。高校時代からカンボジアおたくで、馬渕さんのことを知っていた倉田は感激し、話しかけた。そして、尋ねた。

「カンボジアで生き残るための秘訣は？」

馬渕さんは、こう答えた。

「彼ら（馬渕さんと親しかった、亡くなったジャーナリスト）は、前に出すぎてしまった。死んじゃったらそれで終わり。生き続けてやり続けることが大事なんだよ。だから、ちょっと臆病なぐらいがちょうどいい」

戦火を潜り抜けてきた馬渕さんから聞いた助言は倉田の脳裏に焼き付けられ、ことあるごとに「調子に乗るな。前に出すぎないようにしなければ」という戒めになってきたという。

医療機器の輸入販売でも、友人の厳しい指摘で「ヤバい、俺は調子に乗ってる」と気づき、このビジネスに急ブレーキを踏んだのだろう。

備品とともに社員が蒸発

それからは、報道関係者が来た時のロケハン、ＮＧＯの活動のサポート、日本人旅行者のガイドなどコーディネーターの仕事に切り替えた。収入が激減し、国民金融公庫への借金を返済するだけで精いっぱいになった。胡椒を仕入れて輸出する余力も資金もなくなって、自社農園の胡椒は生産だけでなく、販売も現地の農家に任せていた。１９９９年から２０００年にかけての時期だ。

倉田によると、胡椒は十数年に一度、価格が急騰する。ちょうどこの時期がそれに当たり、農家の人たちは上機嫌だった。

「お前に売ってもらわなくても大丈夫、収入も増えたからありがとうね、畑は任せろと言われました。本当はその売れたお金で借金返したいんだけどなって思いながら、じゃあ畑だけはよろしくねって言いました（笑）」

人のいい倉田は、自社農園の売り上げをすべて農家の人たちに譲り、自分はコーディネーターとして駆け回っていたのである。

医療機器の販売をするために雇った3人の社員は、給料の支払いが遅れ始めると、間もなく、車やパソコン、自転車とともに姿を消した。

「（価格が）高いものから順になくなりましたね。でも、しゃあないなって思っていました。給料が払えない自分が悪いんです」

2000年、3人の社員が蒸発して、ある意味、身軽になった倉田は、胡椒の事業を諦め、どこかに就職しようかと考えた。ここで逃げ出さなかったのは、「悪の商人」と倉田を罵った友人から励まされたからだ。

「高校の時からカンボジアばっかり勉強してたカンボジアバカから、カンボジアをとったらただのバカだろ。30も超えて日本に帰ってきても仕事なんかねえよ。どうせバカになるなら、大バカになればいいじゃん。カンボジアに住んでる日本人のなかで、カンボジアのことを一番よく知ってる日本人になったらいいじゃん」

そう言われて、倉田はハッとした。

「日本に帰って単なるバカになるか、カンボジアに残って大バカになるか。大バカのほうが面白そうだな。先が見えてるわけじゃないけど、面白いと思ったほうに進んでいこう」

幸運の女神、現る

カンボジアに残る決断をしてから数ヵ月後の2001年6月、冒頭に記した秋篠宮夫妻のカンボジア訪問があった。胡椒の事業は行き詰っていたが、コーディネーターとして大使館の仕事をしていたこともあり、御接見会に声がかかった。その時、秋篠宮殿下にお土産として胡椒を届け、礼状をもらったことで、「胡椒をお土産として売ってみよう！」と閃いたが、すぐにうまくいったわけではない。

2002年に出会ったのが、後に妻となる由紀さん。日本のボランティア団体が企画した「カンボジアの子どもに絵を教えに行く」というツアーのガイドをした時に、参加者のひとりだった由紀さんと知り合い、翌年に結婚した。彼女は、幸運の女神だった。

カンボジアに移住した由紀さんは、プノンペンにあるJICA（国際協力機構）の事務所でアルバイトを始めた。由紀さんの給料で生活が安定したこともあり、2003年、ふたりは思い切ってプノンペンに胡椒専門店を開いた。この時、由紀さんが「KURATA PEPPER（クラタペッパー）」と命名。同じタイミングで、胡椒のパッケージ、お店の看板やロゴ、すべてを由紀さんが描いたものに統一した。由紀さんは絵やデザインの勉強をしたことはないというが、その絵はかわいらしく、インパクトがある。

由紀さんがデザインしたパッケージ
（写真提供：クラタペッパー）

さらに、売り方も変えた。由紀さんのアイデアで、現地の人が買い物をする時に使っている、植物で編まれたかごに胡椒のパッケージを入れることにした。普通の編みかごでは大きいので、小さなサイズのものをわざわざオーダーした。

すると突然、胡椒がお土産として飛ぶように売れ始めた。これには倉田も仰天した。

「お店にこの編みかごがぶら下がっていると、カンボジアっぽくてかわいい！　ってまったく反応が違う。当時はひとつ４ドルで売ってたんだけど、10個くださいとか。その編みかごのなかに、おまけみたいな感じで胡椒が入ってるんです（笑）」

当時を振り返り、由紀さんは笑う。

「最初の頃、なかなかいい編みかごができなくて、何度も作り直してもらったんです。倉田から『俺はカバンを売ってるんじゃない！』と言われたこともありました。でも、この編みかご、すごくかわいいですよね？」

ヨーロッパからの高い評価

生まれ変わった「クラタペッパー」は、日本人だけでなく、外国人旅行者も惹きつけた。

やがて、「おまけ」扱いだった胡椒にも注目が集まり始めた。

カンボジアにスパイスを探しに来ていたドイツ国際協力公社（ＧＩＺ）がクラタペッパーに目を留め、「いいプロジェクトだから、ヨーロッパの食品物産展にポスターを１年間掲示してあげよう」と言われ、海を渡った。すると、そのポスターを見たＢＢＣ（イギリスの公共放送）から取材のオファーがあり、超有名シェフ、ジェイミー・オリヴァーがクラタペッパーの胡椒農園を訪ねて料理をする番組が放送された。ある時は、店の近所に住むデンマーク人が「この胡椒はおいしい！」と絶賛。「デンマークのスパイスメーカーを紹介してあげるよ」と言われ、実際に取引が始まった。

「妻のパッケージに変えてから、どんどんいいオファーが来るようになりました。ヨーロッパの人たちにも認められて、フランスやドイツの物産展に招聘してもらったり。いいモノさえ作っていたらいつか売れると思っていたけど、売り方ってやっぱり大事なんだなって痛感しましたね」

想定外のことも起きた。ある時、大勢のフランス人が倉田を訪ねてきて、「自分たちも胡椒を作りたい、方法を教えてほしい」と頼み込んできた。１８６０年代から１９４０年代までカンボジアを植民地化し、「カンポット・ペッパー」というブランドで最高級の胡椒としてヨーロッパに広めたのがフランスである。ちなみに、すでに述べたように、「カンポット」とはカンボジア南部の州の名前で、倉田が大伯父からもらった資料のなかで、最大の胡椒産地だったと書かれていたところ。「松阪牛」「夕張メロン」のように、地名がブランド名になっていた。

「胡椒の生産が増えるのは、カンボジアのためになる」と倉田が同意すると、フランス政府の組織、フランス開発庁も出てきて、大掛かりな胡椒復興プロジェクトがスタート。倉田はノウハウを惜しみなく提供した。

「コッコン州を除く」!?

カンポット・ペッパーは２０１０年、世界貿易機関（ＷＴＯ）から、産地名を地域ブランドとして独占的に利用できる地理的表示（ＧＩ）の認定を受けた。最高級の胡椒ブランドが、復活を遂げた瞬間だった。カンポット・ペッパー認定のガイドラインの作成にも尽力した倉田はしかし、フランスからはしごを外された。

カンポット・ペッパーは、カンポット州だけでなく、隣接するケップ州でも作られていて、それも認定の対象になっている。倉田は当然のように、クラタペッパーの拠点を置くコッコン州の胡椒もカンポット・ペッパーの認証を受けられるものだと考えていた。ケップ州と同じく、コッコン州もカンポット州の隣りにあるし、なにより、倉田の尽力なくして復活はあり得なかったから。

ところが、カンポット・ペッパーの関係者は、ＷＴＯに申請する際、書類に一言加えていた。

「except Koh Kong Province（コッコン州を除く）」

この文言によって、コッコン州産の胡椒はカンポット・ペッパーというブランドを使えなくなってしまったのだ。もちろん、倉田はＷＴＯの決定までそのことを知らず、寝耳に水だった。なぜ、こんな仕打ちを受けるのか。前述のように、クラタペッパーは２００３年頃から急速に市場を拡大し、欧州にも進出していた。その市場を奪うためだろう。

もちろん、倉田は抗議したが、「コッコン州は遠いから」という説明しかされなかったという。当時は納得できず、憤りを覚えたが、現在はこの理不尽な事件も受け入れている。

「それまで私が輸出していたフランスの取引先は、ぜんぶ彼らの市場に変わっていきました。でも、カンボジア全体としてみれば、カンポット・ペッパーが復活したことで胡椒の生産量は増えたし、悪いことではありません。みんなでよくならなければ意味がないし、みんなで競争しないと産業にはなりませんから。それに、胡椒のクオリティでは負けません。例えば、手摘みの完熟胡椒を扱っているのはクラタペッパーだけです。だから、ＧＩではなく、クオリティを求める人はうちの胡椒を選んでくれると思っています」

「結果が出るのは20〜30年後」

この言葉は、胡椒への自信の表れでもある。

由紀さんとの間にふたりの子どもが生まれ、子育てのために妻と子は２０１２年に帰国した。日本で営業と販売を担うようになった由紀さんは、持ち前のフレンドリーで明るい性格を活かし、次々と販路を開拓。飲食店だけでなく、２０１３年にオンラインショップを始めて個人でも買えるようにした結果、売り上げの割合は現地で販売するお土産の胡椒と日本で五分五分になった。今では、ミシュラン掲載のフレンチレストランなどでもクラタペッパーが使用されている。

１９９７年に１ヘクタールから始めた自社農園は、４ヘクタールになった。近隣の農家も胡椒の栽培を始め、自社分と合わせて年間６トン仕入れられるようになった。売り上げが伸びるとともに社員も増え、多い時には26名の社員を抱えた。

そして、忘れてはいけないのが、カンポット・ペッパー復興への貢献。カンボジアで発行されている新聞『プノンペン・ポスト』によると、２０２０年には中国、アメリカ、フランスなど50カ国超に約70トンを輸出するまでに急成長しているのだ。

農業の「の」の字も知らなかった男の四半世紀に及ぶ奮闘が、ようやく報われた……と思った時に、新型コロナウイルスのパンデミックが起きた。カンボジアでも感染が拡大し、観光客が途絶えた。日本の飲食店は営業自粛、時短要請。これは、クラタペッパーにとっても大打撃だった。

コロナ禍以前は1年の大半をカンボジアで過ごし、社員と農園の管理をしていた倉田も自由に行き来できなくなり、もどかしさが募る。しかし、カンボジアの荒波に揉まれてきた倉田は、タフなボクサー並みに打たれ強い。「今年は本気で厳しいですね」と言いながらも、苦笑を浮かべた。

「今までの道のりを振り返れば、たいしたことありません。何回も心が折れてるからね。ほんと、ぽきぽきと。それでも、なんだかんだで乗り越えてきてるし、笑い話みたいなもんだから」

振り返ってみれば、大学4年生の時にカンボジアとかかわり始めてから、狙い通りにうまくいったことなど、なにもなかった。どんなに追い詰められても「産業を作り、所得を上げることが本当の復興だ」と信じて、現地に踏みとどまってきた。その目標は、まだ道半ばだ。

「人はなんのために生きるのか、という問いに対する答えは見えてきましたか？」と尋ねると、倉田は、コッコン州の胡椒畑を思い浮かべるように遠くを見ながら、こう言った。

「そうですね。僕で終わってしまっては意味がないから、次の世代を育成することがとても大事だと思います。世代を超えてつながって、はじめて産業になるから。次世代がちゃんと育って、その次の世代にも引き継げると思えたら、それで自分の使命は終わったと思えるかな。あと20〜30年すれば結果が出てくるでしょう」

僕は思わず、あと20〜30年⁉　と聞き直してしまった。初めてカンボジアに足を踏み入れた時から数えたら、もう29年経っているのだ。

カンボジアは今、国家戦略として胡椒の輸出に力を入れている。いずれ、その復興の歴史に倉田浩伸の名前が刻まれるだろう。

海外からインターンと観光客が殺到する「お茶ツーリズム」

京都おぶぶ茶苑　松本靖治

外国人が次々対応

こんにちは～。何度か呼び鈴を押して声をかけるが、反応がない。さて、どうしよう。

僕は、「茶」というマークが掲げられている2階建ての立派な一軒家の前にいた。もう一度呼びかけると、ガタガタッと音がして、家の奥から白人の男性が出てきた。

玄関で「どうも、取材をお願いしている川内という者ですが、松本さんいますか？」と尋ねると、「マツモトサン、ココ、イマセン」とたどたどしい日本語が返ってきた。あれ、なんでだろうと首をひねっていたら、僕らの会話が聞こえたのか、隣の家から、白人の女性が顔を出した。「マツモトサン、ジムショデス！」。彼女の指先は、一軒家のすぐ前に立っている、古い木造の建物を指している。「ありがとうございます」と頭を下げ、そちらに向かう。

ガラスの引き戸をガラガラと開け、こんにちは〜と言うと、今度は浅黒い肌をした外国人の女性が「ハイ?」と出てきた。松本さんの取材に来たと告げると、しっかりとした日本語で、「連絡しますので、こちらへどうぞ」と2階の一室に案内される。その部屋のソファに腰かけながら、僕は静かに興奮していた。京都の和束町《わづかちょう》にある京都おぶぶ茶苑を訪ねてきてから、外国人としか顔を合わせていないことに。

2019年秋のことである。

ティーツーリズムの全国展開を目指す松本さん

「茶源郷」の異端児

京都府南部に位置する和束町は、京都駅から車で約1時間のところにある。四方を山で囲まれた町では、およそ800年前、鎌倉時代から山の斜面を切り拓いてお茶づくりが行われてきた。現在も町内に東京ドーム120個分の茶畑が広がっており、京都最大の茶産地として知られる。日本三大茶のひとつ、宇治茶の40％程度は和束産だ。この歴史と伝統から、和束町は「茶源郷」と名乗る。この町で、おぶぶ茶苑は異色の存在だ。

２０２０年春に新型コロナウイルスのパンデミックが始まる前まで、毎年27人の外国人インターンを受け入れ、外国人旅行者向けの「ティーツアー」は年間１５００人を超える参加者を集めていた。ちなみに、僕が最初に訪ねた一軒家はインターンの寮で、僕が顔を合わせた外国人はみなインターン生だった。

京都おぶぶ茶苑は、農業におけるＥＣ（電子商取引）とサブスクリプションモデルの先駆者でもある。２００４年にネットショップを立ち上げ、現在は世界１００カ国以上に茶葉を直送。２００８年には、毎月１５００円払うと、年４回、毎回６種類以上の茶葉が届く「茶畑オーナー制度」をスタートし、現在、７５０人の〝オーナー〟を抱える。

日本では、茶葉の生産量が１９７５年の約10万トンをピークに減少傾向にあり、２０２０年は約７万トン。生産者は高齢化が著《いちじる》しく、茶葉を販売している農家数は２０００年の５万３６８７軒から２０２０年には１万２３２５軒にまで激減している（農林水産省「茶をめぐる情勢」）。業界が大きく縮小するなか、おぶぶ茶苑は国内外向けの通販事業、ティーツーリズム、茶畑オーナー制度の３本柱による売り上げが右肩上がりで、コロナ禍が始まる前の２０１９年には９０００万円を超えた。社員は20代から40代まで８人いて、そのうち３人が外国人だ。

農作物のネット販売、生産地のツーリズム化、ファンが生産者を支えるブランディングは、農業界では最近になって注目されてきたことである。それを何周も先回りするビジネスモデルを推し進めてきたのが、おぶぶ茶苑の副代表、松本靖治。北海道大学の応援団出身、元建設会社のエンジニアで、個人トレーダーという茶業界の異端児である。

１９７４年、奈良県大和郡山市で生まれた松本は、大学で土木工学を学んだ後、海洋土木を専門とする建設会社に入社した。３０００人規模の会社で、新入社員の頃からエンジニアとして、設計図を現場に落とし込む仕事に就いた。横浜にある南本牧《ほんもく》埠頭の建設現場や、オーストラリアから香港経由で千葉まで光ファイバーケーブルを敷く際の現場で働いていた。

「仕事は面白かったですよ。土木の仕事は地図に残るってよく言うんですけど、確かにでっかい物を作っている男子の喜びがありましたね」

しかし、サラリーマンならではの社内政治の世界にはなじめなかった。「すごいやり手だ」と思っていた上司が出世争いの末、ロシアのサハリンに転勤になったり、ローンを組んで家を買った社員が他県に転勤になり、単身赴任で建てたばかりの家に帰れない姿を目の当たりにして、次第に心が離れていった。

「土木技術こそが人類の文明を切り拓く尊い仕事だと今でも思っていますが、実際の現場を経験して、一生の仕事にするには厳しいなと感じました」

いずれは自分の力で仕事をしたいと考えていたが、なんの当てもない。どうしようかと悩んでいた時、たまたま薦められて手に取った書籍『金持ち父さん 貧乏父さん――アメリカの金持ちが教えてくれるお金の哲学』（ロバート・キヨサキ著）に「金融と不動産の知識をつけてファイナンシャルリテラシーを高めれば、人生は変わる」と書かれていたのを読んで、一念発起。宅建の資格を取得し、２００３年、不良債権の回収会社に移った。

金融、不動産、法律などの知識が幅広く必要とされる仕事は厳しかったが、肉体的、精神的によりハードな建設業界で鍛えられていた松本にとっては、刺激的な世界だった。気持ちと時間に余裕があったので、インターネット証券で株式投資も始めた。ＩＰＯ（新規公開株）に狙いを絞って投資すると、あっという間に貯金が１０００万円を超えたというからセンスが良かったのだろう。しかし、投資の世界は「つまらなかった」と振り返る。

「通帳にどんどんお金増えていくんやけど、お金の上澄みをすくっているみたいな気がして、仕事をしている実感がまったくなかった」

この話を聞いて、ふと思った。「地図に残る仕事」を現場でガムシャラにしていた松本にとって、パソコンと電話で完結する投資は物足りなかったのかもしれない。

「もっと実業がしたい」と感じた松本は、自分の弟とその友人である喜多章浩さんが取り組んでいたお茶づくりに興味を持った。喜多さんは大学時代、和束町で茶摘みのアルバイトをしたのがきっかけでお茶に目覚め、大学を中退して１９９７年に新規就農。２００２年に近隣の農家と協業するための「農事組合法人」を設立し、松本の弟らと共に和束町でお茶作りに励んでいた。

当初は起業しようと考えていた松本だが、喜多さんや弟の仕事ぶりを「ずいぶん楽しそうやな」と東京から眺めていた時に、「お茶をネットで売らないか」と誘われ、一緒に働くことに決めた。一般的に、茶園で収穫されたお茶は茶問屋のもとに集められ、そこでブレンドしてから販売される。お茶を大量生産し、全国に安価に流通させるための仕組みだが、喜多さんたちも松本もそこに納得がいかなかった。せっかくこだわりを持って作っても、ほかのお茶と混ぜて売られるなら意味がない。自分たちがこだわりを持って作ったお茶だから、自分たちで売ろうと考えた。

　松本は、会社の仕事をしながら独学で農事組合法人のＥＣサイト「京都おぶぶ茶苑」を作り上げた。ちなみに、「おぶぶ」とは京都の方言でお茶を指す。詳しいデータはないので確証はないが、農業全体を見渡しても、オンライン直販に踏み切ったのはトップクラスの早さだったのではないだろうか？

　２００４年3月にＥＣサイトをオープンして半年後、会社を辞めた松本は、お茶づくりには携わらず、東京でビジネス面をサポートする形で仕事を始めた。その時に初めて農事組合法人の内情を知って、おののいた。資金繰りが悪化し、親だけでなく、消費者金融からもお金を借りて、毎日のように金策に走り回っているような火の車状態だったのだ。

「ふたりともあんなに目を輝かしていたのに、もうそのときは会社がボロボロだったんですよ。びっくりしますよね（笑）」

　松本が立ち上げたＥＣサイトは、この苦境から抜け出すきっかけになったのか？　当時画期的だった茶園のＥＣサイトは大きな話題となり、その年の6月、ＮＨＫの全国放送で取り上げられて、放送から8時間で１００万円分の茶葉が売れた。このときは、メンバー全員で「インターネットすげー！」と盛り上がった。

そのすぐ後、北海道の企業から農事組合法人あてに１０００万円を超える大口注文が入った。ＥＣサイト経由ではなく通常通りの手形による取引だったが、これも明らかにＮＨＫの効果だからＥＣサイトによる貢献と言えるだろう。もちろん、メンバーは大喜びした。

しかし、とんでもない落とし穴が待っていた。怪しげな名前の企業から入った注文は、「大口注文をして、商品を受け取りながら代金を支払わない」という取り込み詐欺だと、すべての商品を発送した後に気づいたのだ。

「僕は通販部門だけ担当していたから、そっちを管理していなかったんですよ。それで結果的には不渡りの手形をもらっちゃって。僕と弟で北海道まで取り立てに行ったけど、10万ぐらい取り返すのが精いっぱいでしたね。わらにもすがる思いの時だったからこそ、そんなんだまされるわけないやんみたいな話でだまされてまう。『ナニワ金融道』の世界ですわ」

どん底からの「奇跡」が起きた日

消費者金融から借金をするほどお金に困っていて、「これで救われる……」と期待を寄せた大口の注文が詐欺だとわかった時の精神的ダメージは計り知れない。この事件をきっかけに農事組合法人は崩壊し、残ったメンバーは松本と喜多さんのふたりだった。翌年５月の時点で、事務所も、軽トラも、刈り取りの機械も、製茶工場もないまさにどん底の状態。なぜ、それでも続けようと思ったのか？

「ゼロからいうかマイナスからのスタートでしたが、おぶぶ（ＥＣサイト）を始めてまだ１年ぐらいしか経ってませんでしたからね。ＮＨＫの全国放送の時にインターネットの可能性をすごく感じたし、リピーターもいたのに、消滅させるのはもったいないと思っていました。それに、あっきー（喜多さん）は、なにがどうなっても茶農家を続けると言っていたから、それなら続けてみようかって」

　この当時、ＥＣサイトの売り上げは年間３００万円程度で、ふたりの男が食べていける金額ではない。この時に活きたのが、株式投資で稼いだ貯金。これで食いつなぐことで、松本いわく「暗黒時代」をなんとか乗り切ることができた。

　喜多さんがお茶を作り、松本がネットで売るという役割分担は変わらず、もともとＥＣの素人だった松本はＳＥＯ対策（ネット検索で、自社サイトがより上位に表示されるようにすること）や顧客とのコミュニケーションなどを学び、それを実践することで着実に手応えを得ていた。例えば、ＥＣサイト開設時から週に１回発行していたメールマガジンでは、商品の売り込みではなく、自分たちの想いや茶園の情報をカジュアルな雰囲気で掲載することで、４万人を超える登録者を得ていた。

松本は海外の市場にも目をつけ、お金がなかった時期にもかかわらず、２００６年から６年続けて国外で展示販売会を開催。来場者の反応は予想以上に良好で、外国人にも日本茶が売れる可能性を肌で感じていた。

少しずつ売り上げが伸び、なんとかどん底を抜け出したふたりにとって大きな転機となったのは２００８年。まず、ＥＣでの取り組みが評価され、日本オンラインショッピング大賞最優秀小規模サイト賞を受賞した。さらにその年の夏、ＥＣサイトで使用していたショッピングサイトの担当者からたまたま「茶畑オーナー制度」のアイデアを聞いた松本は、「それ、やりましょう」と即決。すぐにシステムを構築し、12月、国境なき医師団の「１日50円からの寄付で救える命」というキャッチコピーをまねて、「１日50円であなたも茶畑オーナーになろう」とリリースした。すると、目を疑うような反響があった。メルマガの読者を中心に４日間で１００人から申し込みがあったのだ。この時、松本は思った。

「これは、奇跡や……」

茶畑オーナー制度の想像を超える反響を目の当たりにした松本は、同じ年、「京都おぶぶ茶苑」として法人化していたこともあり、東京から京都に移住することを決めた。
茶畑オーナー制度は、クラウドファンディングに近い。ただのお茶好きではなく、おぶぶ茶苑のファンが応援の意味を込めて、年間1万8000円を支払っている。そのファンに対して「おいしいお茶を届ける」のは、当たり前だ。もっと自分たちは何者なのか、姿勢を明確にしたほうがいいと考えた松本は、喜多さんと話し合って3つの理念を考えた。

「日本茶を世界へ」
「農業を楽しく」
「茶畑からの社会貢献」

2009年、この理念を前面に押し出すようになってから、おぶぶ茶苑に追い風が吹き始める。茶畑オーナー制度を始めて1年後の同年末には、会員が200人を超えた。

おぶぶ茶苑を変えたインターン

茶畑オーナー制度は、予想もしなかった展開をもたらした。2010年のある日、オーナーのひとりから連絡があった。友人の日本語が達者なアメリカ人がおぶぶ茶苑に興味を持っているから、手伝わせてあげてほしいという内容だった。そのアメリカ人、ハワイ出身のイアンに会ってみると、松本が法人化のタイミングで立ち上げた英語のＥＣサイトの「英語のレベルがひどすぎるから、作り直したい」という。「それならお願い」と頼んだところ、それまでアメリカ、イギリスからしか注文が来なかったのに、ロシア、南アフリカなど世界中から注文が届き始めた。

これはすごい！　と驚いていたら、イアンから頼まれた。「ハワイ大学の女の子がインターンをしたいって言ってるから、受け入れてあげて」。当時、日本ではあまりインターン制度がさかんではなく、なにをしたらいいのかよくわからなかったし、松本もほかのメンバーも英語が話せなかったから、一度は断った。

ところがその女の子、エリースは粘り強く、「私はお茶をビジネスにしたい。だから絶対、おぶぶ茶苑でインターンをしたい」と熱いメッセージを送ってくる。そこまで言うならと受け入れることを決め、エリースが和束町にやってきたのが２０１２年１月。わけもわからず一緒に過ごし始めて、すぐに気づいた。

「この子は、すこぶる優秀や！」

当時、松本は経産省からジャパンブランド事業の助成金をもらい、世界の茶畑の連盟を作るために「国際茶園協会」を設立していた。その事業の一環として、和束で3月に「世界茶産地フェスティバル」の開催を予定していた。そこに招いたインド、韓国、インドネシア、台湾の茶農家のブッキングや諸々の手配をエリースに任せると、なんの滞りもなく見事にさばいた。その実務能力の高さに「インターンってすごいんやな」と脱帽した松本は、エリース自身にインターンの仕組みを作ってもらうことにした。

「エリースがおらんかったら、今のうちのインターン制度はなかったですね」

エリースのアイデアを全面的に取り入れたインターン制度が完成すると、おぶぶ茶苑のサイトで「インターン募集」の告知を始めた。すると、間もなくして世界中から応募が届き始めた。その若者たちを受け入れ、要望を聞き入れながら、インターン制度を少しずつ改善していった。そうして大勢の外国人とコミュニケーションをとっているうちに、英語にも困らなくなった。

数年も経つと、年に9回、滞在期間3カ月、各3人のインターンを受け入れる現在の仕組みができあがった。生活や仕事の引継ぎをスムーズにするために、それぞれの回の期間が重なる設定になっている。制度や環境が整うにつれて、各回3人のインターンの募集に毎回20人ほどの応募が来るようになった。選考基準は「お茶にめっちゃ情熱がある人」。エリースが来た２０１２年から現在に至る9年で、26カ国、１２６人の外国人がおぶぶ茶苑でインターンを経験した。現在いる3人の外国人社員も、もともとはインターン生だったという。

彼らは3カ月間、ボランティアとしてECサイトのリニューアル、英語版カタログやプロモーション動画の製作、茶摘み、製茶などの農作業、外国人観光客向けのティーツアーのサポートまで、茶園の業務に深くかかわる仕事を経験する。

「彼らはお金を稼ぐためではなく、日本の文化やお茶にすごく興味があって、純粋な気持ちでここまで来ているじゃないですか。その情熱を大切にしたいんですよね。そもそも就労できない観光ビザで来日しているということもあるんですけど、金銭が介在しない関係のなかで、彼らのやりたいことをやれるようにサポートしながら、こちらもお金には換えられない価値を提供するように努力しています」

この点についてはさまざまな意見があるだろうが、おぶぶ茶苑ははじめから「謝礼なし」と告知していて、応募者はみな納得済み。それぞれが自由に情報発信できる時代に、毎年のように年間２００人弱の応募があるということは、おぶぶ茶苑で過ごす3カ月の価

おぶぶ茶苑のティーツアーの参加者

値が認められているのだろう。
26カ国、１２６人のインターン生とのネットワークは、海外でのビジネスにも生かされている。例えば、最初のインターンのエリースはハワイに戻った後にお茶の輸入事業を始めて、おぶぶ茶苑の茶葉を輸入している。同じように、帰国してから自国でお茶のビジネスを始めた若者たちは、おぶぶ茶苑の貴重な取引先だ。こうした若者たちは、松本が海外で催事を行う時にも強力な助っ人になっている。
ＥＣサイトの英語を直したイアンの発案で、２０１０年からスタートした外国人観光客向けの「ティーツアー」も、インターン生たちの意見をどんどん取り入れて、ブラッシュアップしていった。外国人向けのツアーで難しいのは、彼らがなにを求めているのか、ニーズを知ることだろう。それを的確に把握して改善につなげているインターン生たちの存在があるからこそ、年間１５００人を超える参加者を誇るまでに成長したのだ。

地元でも認められる存在に

和束町に外国人がたくさん訪ねてくるようになると、ユニークな取り組みをしている茶園としてメディアに取り上げられる機会も多くなった。それを見て松本たちの活動に共感する人たちの輪も拡がっていき、茶畑オーナー制度の会員も現在は先述のように約７５０人にのぼる。

おぶぶ茶苑では毎年数回、茶摘み体験を開催しているが、多い時には１００人を超える人たちが和束町までやってくるようになった。２００５年、売り上げ３００万円の時代には１ミリも想像できなかった光景に違いない。

松本たちの存在や活動は、和束町の住民や同業者たちからどう見られているのだろう？

「京都なんで、３代ここに住んではじめて地元の人間として扱われるような雰囲気はあります（笑）。だから僕らも最初は、なにしてるかようわからん、ただのよそ者みたいな感じでした。でも、町と協力して２０１２年に、茶畑からお茶のすべてを伝えるというコンセプトで茶源郷まつりを始めて、少しずつ僕らを見る目が変わっていきました。今は、和束を変えたひとつの要因は、おぶぶだよねと言ってくれる方もいます」

茶源郷まつりは、1人目のインターン、エリースが奮闘した２０１２年の「世界茶産地フェスティバル」を下地に始まった。その時、松本たちは和束の人口５０００人弱（当時）よりも多くの人を集めると宣言し、実際にそれ以上の人が足を運んだ。和束の人口は減り続けて今では４０００人を下回っているが、祭りの来場者は年々増え続け、２０１９年にはなんと1万４０００人が訪れた。もともと、町を代表するような祭りがなかった和束の住民にとって、この祭りは大切なものになった。

「お祭りってすごく大事な機能やと思ってて。ハレとケじゃないですけど、それが３６５日のなかで1日あるというだけでも、町の性格って変わると思うんですよ。例えばねぶたがある青森って、町の人たちみんなが、俺たちの町にはねぶたがあると思ってはる。和束も人口が減っているなかで、茶源郷まつりは和束のお茶を目指してこんなに人が来る、この町には魅力があるんだと確認し合える日になりました。それで、僕らも町の人に認めてもらえたんやと思う」

ポテンシャル溢れる産地との出会い

松本は、今の時代、地方にはポテンシャルが「ありまくり」だと語る。大きなポイントは、空き家、空き地だらけなので、イニシャルコスト（初期費用）が安く済むこと。おぶぶ茶苑も２００５年頃はよそ者扱いで事務所を借りることすら難しかったが、今では空き家が出たら「おぶぶやったら、貸したるわ」という関係になり、オフィス、インターン生の寮、製茶工場、松本の自宅まで空き家をリフォームして使っている。こうしてイニシャルコストを極限まで抑えられれば、借金をしなくて済む。そうすると、長期的な視野でやりたいことができるというのが松本の持論だ。

もうひとつのポイントは、日本の風景。インターンに来る外国人のなかには、きれいに刈り取られた茶畑のうねが緑の波のように幾重にも続く風景が広がる和束に来て「夢がかなった」と感激した若者もいたという。しかも、和束は京都駅から車で1時間、関西国際空港からも2時間ほどの距離。国土が大きな国からくる外国人にとっては「都市と空港に近くて便利な場所」なのだ。

「日本人は、和束を僻地《へきち》だと思うかもしれないけど、ここに来る外国人にとっては、むしろ、空港とか大都市からこんなに近い場所にこんなにきれいな景色が、と驚かれますよ。空港を中心に円を描くと、可能性のある場所ってめっちゃいっぱいあると思いますね」

２０１８年7月に松本が訪ねた長崎県の茶産地、東彼杵町《ひがしそのぎちょう》は、まさに「可能性のある場所」だった。

東彼杵の存在を知ったのは、偶然だった。ティーツーリズムを研究している知り合いのカナダ人から、「グリーンティーリズム」という名称で外国人観光客向けにティーツーリズムをしているところがあると聞いたのだ。ホームページを見ると素敵なデザインで、しっかりとした英語の案内もあった。その当時、外国人観光客向けにツアーを開催しているのは自分たちぐらいだろうと思っていた松本は驚き、「こんなんやってるところがあるんや！　いかなあかん」と、カナダ人から話を聞いて数カ月後、長崎へ向かった。

現地を訪ねた松本は、その景色に目を奪われた。山間《やまあい》の斜面に広がる青々とした茶畑と、そのすぐ先に広がる大村湾。もともと海が大好きだった松本は、一気にテンションが上がった。

アポを取っていた「東そのぎグリーンティーリズム協議会」の関係者は、ティーツーリズムの先駆者である松本を歓待してくれた。詳しく話を聞くと、すぐに課題が明らかになった。オペレーションを担当しているのは観光協会のスタッフと数軒の茶農家なのだが、誰も英語を話せなかったのだ。プログラムの内容自体もツアーというよりは農家が旅行者と交流を図る「農家民泊」であり、地元のお茶を紹介し、共に広めるような形にはなっていなかった。

おぶぶ茶苑のティーツアーを年間1500人以上が参加するまでに成長させてきた松本からすると、改善の余地は山ほどあった。ほかの条件も含めたら、むしろポテンシャルの塊だった。

まず、東彼杵は長崎県の中央に位置し、長崎の二大都市である長崎市までは高速道路で40分、佐世保市までは下道で30分、長崎空港からも30分という好立地だった。

長崎は戦時中に原子爆弾の被害に遭った町として、広島と共に世界中の教育現場でその名が語られている。2018年に長崎と天草地方の「潜伏キリシタン関連遺産」が世界遺産に登録されたことで、さらにその名が広まった。日本に来る外国人観光客にとって長崎が訪問したい魅力的な場所であることは、ティーツーリズムを始めるにあたって重要なポイントだ。

ちなみに、2019年に長崎県を訪れ、宿泊した外国人観光客は約79万人（延べ宿泊客数）。そのうち東彼杵を訪ねた人は約200人で、茶産地・東彼杵はまだ世界に知られていない未知のエリアともいえる。

東彼杵のお茶も個性的で、主に作られているのはお茶の種類のなかでも生産のシェアが

２％程度しかない蒸し製玉緑茶。茶葉を細長くまっすぐに整える工程がなく、茶葉が丸い形状になるこの珍しいお茶を「そのぎ茶」としてブランド化しており、品評会では蒸し製玉緑茶部門で４年連続日本一に輝いている。

長崎県までレンジを拡げると、お茶の歴史とも縁が深い。１１９１年に中国から初めて茶の種を持ち帰った臨済宗の開祖・栄西が帰着したのが長崎の平戸。その際、禅道場「富春庵」の畑にその種を蒔いたのが日本茶の始まりと伝えられている。

また、江戸時代の１６１０年、オランダの東インド会社が平戸で日本茶、マカオで中国茶を買ってヨーロッパに持ち帰ったことからアフタヌーンティーの文化が始まったとも言われている。日本茶の歴史は長崎から始まり、世界のお茶文化の発展も長崎が起点になっているのだ。

そしてなにより松本が惚れ込んだのは、間近に海が迫る茶畑の絶景。

これだけ外国人観光客を惹きつけそうな条件を備えているところは珍しい。初めて訪問した際、「おぶぶでやっているツーリズムを東彼杵でやったら絶対にうけますよ！」と熱弁した松本は、それから１年半後の２０２０年３月、東彼杵に家族で移住した。

「もともと、和束町で成功したティーツーリズムをほかのところに広めたいと思っていたんですよ。そのタイミングで出会った東彼杵が海に面した茶産地で、運命を感じました。僕、海が大好きでいずれ海の近くに住みたいとずっと思ってたんです（笑）。それで東彼杵っていいなと思っていたら、子どもを通わせたいすごくいい小学校が新しく東彼杵にできて。おぶぶ茶苑は自分以外の社員が７人いて任せられるし、リモートで仕事もできるから、移住を決めました」

パンデミックの先の未来

東彼杵では、町が予算を組んで松本をティーツーリズムのコーディネーターとして採用。２０２０年４月より、松本がイチから企画したティーツーリズムを始める予定だった。

しかし、新型コロナウイルスのパンデミックですべての予定が吹き飛んだ。これは、東彼杵町にとって水を差された形になったが、ティーツーリズムを収益の３本柱のひとつにしていた和束町のおぶぶ茶苑にとっても、のっぴきならない事態だった。３月、４月のツアーの売り上げがゼロになって衝撃を受けた松本は、遠隔で打ち合わせをしながら、３人の外国籍の社員を中心に海外向けのオンラインツアーをスタート。手探り状態ではあったものの、定期的に配信するようにした。

コロナは、日本茶業界全体に大混乱をもたらした。緊急事態宣言が発出され、最も深刻な雰囲気になっていた２０２０年の４月から６月にかけて、本来なら日本茶業界は新茶の収穫と販売が始まり、１年で最も盛り上がる時期だった。そこにコロナが直撃し、デパートや飲食店が閉まり、人も出歩かなくなったことで新茶がまったく売れず、日本茶業界は全国的に大きな打撃を受けた。松本によると、新茶が売れ残ったことで二番茶の生産を控えた茶農家も多く、近年、約８万トンで推移していたお茶の生産量は、２０２０年に７万トン以下に落ち込んだ。

コロナ禍でティーツアーの売り上げがほぼゼロになってしまったおぶぶ茶苑にとって大きな助けになったのは、茶畑オーナー制度とオンラインショップだった。約７５０人の茶畑オーナーには前年と変わらず、お茶を届けることができたし、オンラインイベントが功を奏したのか、世界的にコロナが少し落ち着いた８月には海外向けの販売がおぶぶ茶苑史上最高の売り上げを記録した。こうしたお茶の販売が支えになり、２０２０年の売り上げは前年から約30％減ほどにとどめることができたという。

２０２１年に入ってからもティーツアーは稼働していないが、前年から１年以上にわたってオンラインツアーを開催してきたノウハウは貴重な財産だ。以前に松本が中心となって設立した一般社団法人「国際日本茶協会」が、公益社団法人「日本茶業中央会」が組織する協議会のメンバーとなり、日本茶と15の産地を世界に向けて発信するオンラインイベント「日本茶マラソン」を企画。同年7月よりスタートしたところ、約50カ国９００人を超える世界中のお茶好きから参加の申し込みがあったという。和束町に設けた配信スタジオには、国際日本茶協会の代表を務めるおぶぶ茶苑の社員、鈴木シモナさんと松本の姿があった。

　松本は東彼杵でも、２０２０年8月以降、自身がアテンド役になって外国人向けのオンラインツアーを3度開催。こちらはアメリカ、カナダ、オランダ、イギリス、ドイツなどからのべ２００人以上が参加した。また、コロナが瞬間的に落ち着いていた同年11月には、アメリカ軍の佐世保基地関係者や長崎在住の留学生に声をかけて、モニターツアーも実施した。参加者の反応は「すこぶる良好」だったという。

　コロナのパンデミックが収束した後が、おぶぶ茶苑にとっても東彼杵にとっても勝負どころ。おぶぶ茶苑はこれまでに培った実績とノウハウがあるので、松本はそれほど心配していない。注力するのは出鼻を挫かれた東彼杵のティーツーリズムだ。東彼杵ならではのツアーが外国人観光客を引き寄せる可能性はあるのだろうか？

「東彼杵は10年前の和束とすごく似ていて、今、町で見かける外国人といえば中学校の英語の先生ぐらい。でも、リアルに人が動き出したら、これまでとまったく違う光景を見ることができると思います。これはもう、間違いない」

松本のもとには、ほかの茶産地からもティーツーリズムをやりたいと相談が届きはじめているそうだ。茶業界の異端児は、夢を膨らませている。

「海外では年間５００万トン以上のお茶が生産されていて、毎年10万トンから15万トンぐらい増えています。世界的に健康志向でアルコールからノンアルコールの流れになってきて、お茶、特にグリーンティーに流れが来ているんです。それは日本の茶産地にとってチャンスでしょう。５、６年で長崎モデルを形にした後、全国に７カ所ぐらいティーツーリズムの拠点を作りたいですね。それができれば、将来、日本の茶産地巡りがフランスのワイナリー巡りのようになりますよ」

フランスの天才醸造家が佐渡島で挑む独創的なワイン造り

ジャンマルク・ブリニョ

古民家と畑とフランス人

東京から新幹線で新潟まで行き、タクシーで駅から10分ほどの新潟港へ向かう。12時55分発の佐渡島行きのジェットフォイルは、船体を海面に浮上させ、時速80キロで波の上を滑るように航行し、およそ1時間後、両津港に着いた。

レンタカーを借りた僕は、通訳として同行してくれた妻を助手席に乗せ、島の中央でキュッとくびれている部分にある両津港から島を横断した。道中には青々とした水田が広がっていて、それはどこか懐かしく感じる風景だったけれど、ハンドルを握る僕は景色を楽しむ余裕などなかった。これからインタビューをするのが、ワインの本場フランスで「天才醸造家」と称されてきた人だから。彼の名は、ジャンマルク・ブリニョという。

自家用の水田を見つめるジャンマルクさん

車を走らせて30分ほどで、彼が住む集落に入った。宿や店が並び、「町」の雰囲気がある海沿いの大通りから高台へ向かう小道に入っていくと、水田と畑のなかにぽつん、ぽつんと民家が建っていた。まるで、アニメ『まんが日本昔ばなし』に出てくるような風景だ。事前に教えてもらった住所に着くと、立派な古民家と広々とした田畑があり、大柄な男がしゃがみ込んで、畑に生えているなにかの植物に手を伸ばしていた。

車を降りた妻が、「ハイ！」と声をかけると、その男、ジャンマルクが「ハーイ！」と言いながら両手を広げてこちらにやってきた。妻は一度、彼の取材をしたことがあり、顔見知りなのだ。Tシャツにジーンズ姿、ニコニコと笑みを浮かべたジャンマルクは、僕がイメージした気難しそうな「天才醸造家」のイメージとは違い、少しホッとする。挨拶をして、握手をした。彼の手はグローブのように分厚かった。

「畑を見る？」と言うので、見せてもらうことにした。そこは、誰もがイメージする一般的な畑とは違った。畑の土を細長く盛り上げた畝《うね》の一列ごとに違う植物が植えられていて、ひとつの畝に異なる植物が生えているところもある。

「ガーリック、イチゴ、ラズベリー、かぼちゃ、バジル、なす、アーティチョーク、ジャガイモ、豆、トマト、唐辛子……」

ジャンマルクが指をさしながら、説明する。たくさんの野菜が少しずつ植えてある畑のなかに、ブドウの樹もあった。

「シャルドネ、ピノノワール、マスカットベリーA、甲州、ほかにもたくさん植えてあるよ」

ワイン用のブドウ畑といえば、ブドウの樹が整然と並んでいる印象があったから、ほかの野菜やフルーツと混在していることに驚いた。

農業をテーマにした本でワイン？　と疑問に思う読者もいるだろう。しかし、ワインはブドウから生まれ、醸造家の仕事はブドウを育てるところから始まる。そして今、「農業は本当に素晴らしい仕事だ」と話すジャンマルクは、佐渡島でとてもユニークなワイン造りに挑んでいる。

旧東独の映画学校へ

ジャンマルクはフランスの北西、イギリス海峡に面したノルマンディーで生まれた。両親ともにワイン好きで、自宅には同じようにワインが好きな友人たちがよく集まっていた。大人たちがさまざまなボトルを持ち寄り、味や香り、色などについてあれこれ話をするのを興味深く聞いていたジャンマルクは、8歳頃には「テイスティング」を始めたそうだ。もちろん、指先に1、2滴垂らしてぺろりと舐める程度で、大人たちがワインを飲みながら過ごす豊かな時間を、子どもにも少しだけ体験させてあげるような感覚だ。「フランスではよくあることじゃないかな」とジャンマルク。大人たちがくつろぎながらワインについて語り合う姿を見て自然とワインに惹かれたジャンマルク少年は、14、15歳になるとワインを楽しむようになっていた。

その頃にはすでに、周囲の大人から「君はテイスティングの才能がある」と言われていた。薬剤師をしていた父親から褒められたことがなかったジャンマルクは、大人たちから認められるのが嬉しくて、ワイン造りに興味を持つようになった。15歳、高校1年生の時、「ワインを造りたい」と両親に話したら、「もっとまじめな仕事に就きなさい！」と猛反対された。仕方なく、高校卒業後はノルマンディーのカーンという町にある専門学校に進学し、2年間、国際貿易を学んだ。

実は、この時までワイン造りを諦めていなかったジャンマルクは「専門学校を了《お》えたらワイン造りを学ぼう」と、大学に問い合わせた。しかし、大学でワイン造りを学ぶために必要な学科をそれまでに学んでいなかったこともあり、答えは「ノー」。「ダメなのか……」と落ち込んだものの、気持ちの切り替えは早かった。

専門学校にはスウェーデンやノルウェー、ドイツなどからの留学生が多く、そこで「フランス人の女の子より、外国の女の子にモテる！」と気づいていたジャンマルクは、「俺は旅に出る！」と決意。国際貿易のディプロマ（免状）を取得した後、親しい友人が住むドイツへ旅立った。それは1989年の夏、ベルリンの壁が崩壊する直前のことだった。

ドイツでは、生活費を稼ぐためにレストランやバーで働きながら、趣味として文学を学んだり、写真を撮ったりしていたが、当時のフランスは徴兵制があり（1996年に廃止）、一度帰国して入隊。1991年のはじめ、再びドイツに戻ったジャンマルクは、ある時、ドイツの友人から「あなたはいつも奇妙な話ばかりしているから、映画の学校に行ったら？　そうすべきよ」と言われたのがきっかけで、いくつかの学校に問い合わせた。入学を認めてくれたのは、旧東ドイツにあるポツダムの町、バーベルスベルクの映画学校。ちなみに、バーベルスベルクは世界最古の映画製作スタジオがあったことで知られる、映画と縁が深い町だ。2年前まで共産圏だったバーベルスベルクの映画学校は「めちゃくちゃ面白かった」。

その学校で映画の脚本を書いたり、ドキュメンタリーのリサーチを学んでいたジャンマルクだが、しばらくすると退学になってしまった。まだベルリンの壁が壊れたばかりで政治的には西側の資本主義と東側の共産主義がセンシティブな関係にあるなかで、もともと思ったことは忖度《そんたく》せずに口にする彼の言動が「政治的に自由すぎる」という理由だった。在学中にベルリンの小さな映画製作会社で仕事を得ていたから、ドイツに残ろうと思えば残ることもできた。しかし、その仕事でナチズムや共産主義について調べているうちに、「人間のダークサイドを見ることに疲れて」、フランスに戻ることにした。この時、26歳になっていた。

ナチュラルワインの神様との出会い

フランスでも映画の製作に携わりたいと思っていたジャンマルクは、生活費を稼ぐためにパリの市場で牡蠣《かき》を売る仕事を得た。そこで働いている時に、たまたまワインの醸造家と知り合った。「子どもの頃からワインを造るのが夢だった」とジャンマルクが話すと、その醸造家は言った。

「大人がワイン造りを学べる学校があるよ」

その瞬間、ワイン造りのことで頭がいっぱいになったジャンマルクは、それまでのすべてを投げ出して、28歳でその学校「Centre de formation pour adultes de Mâcon Davayé」に通い始めた。学校はブルゴーニュ地方の南、ボジョレーのすぐ近くにあり、そこでブドウの育て方や土壌について幅広く学んだ。

学生生活について、ジャンマルクは「最高のボジョレーをバケツ一杯飲めて幸せだったよ」と冗談を言うが、早くから才能を認められた。1年目、ワイナリーで働くために必要なブドウ栽培とワイン醸造のディプロマ（BPA Viticulture œnologie）を得た後、あるワイナリーのオーナーから高く評価され、ワイン造りを任されたのだ。

「フランスでは、ひとりでワインを造れるようになるまでに5、6年の修業が必要だと言われているんだ。彼は、僕がなにか特別なものを持っていると思ったんだろうね」

そこで1年間働いたジャンマルクは、もう一度学校に戻り、ワイナリーの責任者に就くことができる上位のディプロマ（BTS Viticulture œnologie）を取得。卒業後は、工業的に大量生産しているところや伝統的な製法を守っているところなど、さまざまなワイナリーでブドウ栽培や醸造の責任者を務めた。

「僕はワインについてなんでも興味があったから、工業的か伝統的か、化学物質を使っているか、いないかにかかわらず、できる限りのことを知りたかったんだ。これは醸造家として成長するために、とても重要なバックグラウンドになったよ。例えば工業的なワインは好きじゃないけど、造ってほしいと言われればすぐにできると思う。それがプロというものだろう？」

こうしていくつもの現場でワイン造りに携わるなかで、工業的にワインを大量生産しているブドウ畑であればあるほど、作業の効率化のために病害虫を防ぐ農薬や除草剤、化学肥料が散布され、ワインにも酸化防止剤や添加物が使われているのを目の当たりにしたジャンマルクは、次第に「これでは地球に負担をかけることになる」と感じるようになった。

それから、フランスでヴァン・ナチュールと呼ばれるナチュラルワインに傾倒した。ナチュラルワインとは、ブドウの栽培からワインの醸造にいたるまで、なるべく自然に近い形にこだわって造られたものを指す。薬剤を使わずにブドウにつく虫や病気を防ぎ、収穫したら天然の酵母で発酵させ、余計なものは加えない。そのうえで「おいしい」と評価されるものを造るのは至難の業で、工業的な生産方法とはまったくの別物だ。ジャンマルクはその製法を学ぶために、ナチュラルワインの礎を築いたと言われるボジョレーのマルセル・ラピエール、ロワール地方を代表するナチュラルワインの造り手、クリスチャン・ショサール、月や惑星の動きと植物の成長を調和させるバイオダイナミック農法でナチュラルワインを造り、熱狂的なファンを持つクロード・クルトワらを訪ね歩いた。

なかでも彼が最も影響を受けたのが、フランス東部、アルプス山脈の麓《ふもと》にあるジュラ地方で「ドメーヌ・オヴェルノワ」を営み、「ナチュラルワインの神様」「ジュラの伝説」と称される醸造家、ピエール・オヴェルノワ。ジャンマルクは、ピエールさんに頼み込み、彼のドメーヌで9月から約3カ月間、泊まり込みで働いた。泊まる場所を借りるお金もなかったから、ピエールさんの自宅の前に置いた自分の小さなトラックで寝泊まりした。山間部にあり冷涼なジュラの秋は冷える。毎晩、毛布にくるまり、凍えながら、よく眠れない夜を過ごした。この時、ジャンマルクは「自分が進むべき道」に出会った。

「彼のもとで、高品質のナチュラルワインを造るのに役立つ多くのことを学んだよ。最も大きな気づきは、彼と彼の（ワイン造りの）レシピを観察して、ワイン造りに決まったレシピはないということがはっきりしたことだ。そこから私は、自由に自分のやり方を模索し始めたんだ」

「天才醸造家」への道

２００４年、ジャンマルクは誰からも自由であることを求めて、銀行から50万ユーロを借り入れ、ピエールさんと同じジュラ地方でワイン畑を購入。自分のワイナリーを開いた。ジュラを選んだのは、初めてジュラのワインを飲んだ16歳の頃からその味が好きだったこと、ブルゴーニュなどと比べて畑の価格が安かったこと、そしてなにより、ジュラの自然が美しかったからだ。

ジャンマルクは、バイオダイナミック農法でブドウを育て、手回し式のプレス機でブドウを潰すなど工業的な要素を排した環境を整え、型にはまらない自由な発想でワイン造りを始めた。例えば、通常より長い時間をかけてブドウを熟成させたこともあるし、赤ワインに白ワイン用の品種のブドウをブレンドしたこともある。一般的に、異なる品種のブドウは別々に搾《しぼ》ってからひとつのタンクに入れるが、一度に同じタンクに入れてマセレーション（発酵中のワインに果皮を漬け込むこと）したこともある。

彼が当時造っていたワインのユニークさは、「Vin de France（フランスのワイン）」と記されたラベルに表れている。フランスには、ワインに使うブドウの品種や栽培方法、醸造方法など各地で継承されている伝統的なスタイルを守るために、ＡＯＣ（原産地統制呼称）と呼ばれる認定がある。この認定を受けないと、ラベルに「ボルドー」「ブルゴーニュ」といった産地を記載できない。例えば、シャンパンはシャンパーニュ地方、シャブリはブルゴーニュ地方シャブリ地区の伝統的な製法で造られたものだけが、そう名乗ることを許されている。ジャンマルクはジュラに移住して2年目には、ＡＯＣの申請をやめた。ルールに縛られず、自由にワインを造るために。

ジャンマルクの独創的なワインは瞬く間に評判を呼んだ。しかし、順風満帆にはいかなかった。ジュラでは、２００６年頃から毎年7月末頃に雹《ひょう》が降るようになり、ジャンマルクの畑でも大きく育っていたブドウの50〜70％が被害を受けるようになった。これではワインを造ることができず、日本円で毎月40万円に及んだ返済も滞ってしまう。そこで「生き残るために」、ジャンマルクはほかの地域のワイナリーから有機農法で栽培されたブドウを買い付けることにした。フランスでは「ネゴシアン」（もともとは交渉人という意味）と呼ばれる手法で、ブルゴーニュ、ボジョレー、アルデッシュ、アルザスなどのワイナリーにトラックで向かい、ブドウを購入すると、その地域の醸造所を借りてワインを造り始めた。

ジュラでは4年連続で雹に悩まされ、やむにやまれずさまざまなワイナリーのブドウを使うことになったが、そのワインも高く評価され、やがて「大才醸造家」と呼ばれるようになった。

彼のワインがどのように評価されているのか調べてみると、次のような記事を見つけた。例えば、アメリカの著名なワイン専門誌『WINE ENTHUSIAST』のウェブ版で、フランス人の世界的なデザイナー、フィリップ・スタルクが、ジャンマルクのワイン「Robert est un con.」と「Envol de la Fille」を「素晴らしい傑作」と絶賛していた（「ONE ON ONE WITH PHILIPPE STARCK」／2018年3月19日）。

フランスのビジネス誌『Le Particulier』のウェブ版では、2021年1月に発表されたミシュラン・フランスで「2021のベストソムリエ」に選出されたニースの一ツ星レストラン「Pure & V」のソムリエ、ヴァネッサ・マッセが、ジャンマルクの名前を挙げて「ナチュラルワインのソムリエなら誰でも彼のことを知っています。私が初めて飲んだナチュラルワインが彼のもので、忘れられません」とコメントしている（「Le Michelin fait l'éloge des vins naturels」／２０２１年1月25日）。

僕がなによりも驚いたのは、ふたりが言及している時期だ。ジャンマルクが２００９年に出会って結婚した日本人の妻と1歳に満たない赤ん坊を連れて佐渡島に移住してきたのは、２０１２年の秋。それ以来、フランスでは目立った活動をしていないにもかかわらず、フィリップ・スタルクは２０１８年、ヴァネッサ・マッセにいたっては２０２１年にジャンマルクの名前を口にしている。彼のワインが、フランスでどれだけ人々の心を捉えてきたのかわかるだろう。

佐渡島移住を選んだ理由

それほどフランスで名声を得ていたジャンマルクが、なぜ移住をしたのか。いくつかの要因があるが、そのひとつはジュラの気候だった。

「ジュラにはいい友だちがいたし、楽しい生活だった。でも、私は太陽の光が好きだから、ジュラの寒くて長い冬はつらかった。11月から3月にかけて、深い霧に覆われるんだ。2メートル先も見えないほどのね。農業をするならその土地に長くとどまることになるだろう？　ワインを造るためにブドウの樹を植えるとなったら、その土地に2世代、3世代先まで留まる可能性もある。だから、自分が気持ちよく過ごせる場所であることが大切なんだ。そうじゃないと、心によくない影響を与えてしまう」

雹に襲われ、霧に包まれる町で農業をするのは憂鬱に違いない。前述したように、ジャンマルクには日本人の妻がいたから、新天地として日本に行きたいと考えた。日本のどこに向かうかを決める時に、候補に挙がったのは北海道と佐渡島。ジャンマルクが日本でワイン造りを始めるうえで、どちらも農業が盛んで、涼しくて気候がジュラに近いというのがポイントだった。

ふたつの土地を比べると、「北海道は少しヨーロッパ的すぎる」と感じた。ニセコをはじめとしたスキーリゾートには欧米やオーストラリア、ニュージーランドからの観光客が多い。ジャンマルクは「わざわざ日本で欧米の人と一緒に暮らしたくなかった」という。

一方、沖縄本島に次いで日本で２番目に大きな島である佐渡島は、理想的な土地に思えた。対馬暖流の影響によって温暖で、年間の平均気温は14度から15度、冬の気温も県内の本土側より１、２度高い。降水量は、日本の１年間の平均である１７１８ミリよりも少ない１６００ミリ程度で、降雪量も新潟県内で最も少ない。日照時間はだいたい年間１７００〜１８００時間（新潟県と佐渡市の概況、統計資料を参照）。ジュラの平均気温は11度から13度で、年間の降水量は１５００ミリを超える。日照時間は年間１７００〜１９００時間。とてもよく似ていると言えるだろう。

もうひとつ、ジャンマルクが注目したのが、米どころとして知られる佐渡市の取り組みだった。２００４年、台風で島内の稲作が大きな被害を受け、収穫量が平年のおよそ半分にまで落ち込み、塩害で品質も下がった。これによって佐渡島産の米は市場での競争力を失い、毎年５０００トン（販売量の21％）が売れ残るようになってしまった。

米価の下落と販売不振で追い詰められた佐渡島の米作りが変わるきっかけになったのは、佐渡市が２００８年に始めた「『朱鷺《とき》と暮らす郷づくり』認証制度」。これは、環境省が２００３年に策定した「環境再生ビジョン」で掲げた「２０１５年に島の東側にトキ60羽の定着」を実現するために、「トキの餌場確保」と「生物多様性の米づくり」を目的とした環境保全型農業を認定する制度である。認証を受けるためには、慣行栽培と比べて化学農薬、化学肥料を５割以上削減するだけでなく、冬期湛水、魚道やビオトープなどを設置する「生きものを育む技術」の採用、エコファーマーの認定取得が条件になる。認証を受けると「朱鷺と暮らす郷づくり認証米」のラベルを貼って販売できる。

２００８年、この取り組みに賛同した「朱鷺と暮らす郷づくり認証米」の作付面積は４

２６ヘクタールで、4年後には１３６７ヘクタールと3倍を超えた。その理由は、この認証米が首都圏のスーパーやインターネットなどで慣行栽培米の2倍前後の価格で売られるようになったことにある。

ジャンマルクが移住を検討していたのは、佐渡島が島をあげて減農薬栽培を促進していた時期だった。佐渡島について調べている時に見つけた、無農薬栽培で天日干しのコシヒカリを作っている人にメールで意見を聞くと、「土地はたくさん余っているし、有機でやりたいのならば、ここは面白いところですよ」と返事があった。

当時、佐渡島でワインを造っている人がいなかったのも、ジャンマルクの背中を押した。ワイン造りが盛んな地域では、ひとりでオーガニック栽培のブドウを使ったナチュラルワインを造るのが難しい場合がある。これはブドウに限らず、どの作物でも単独でオーガニック栽培をすると周囲の生産者から病気や虫が発生するリスクがあるとみなされることもあるからだ。

ジャンマルクはもちろん、妻も佐渡島には縁もゆかりもなく、足を踏み入れたことすらなかったが、気持ちは固まった。インターネットの情報だけを頼りに、移住を決意。ジュラのワイン畑を売却し、当時まだ生後11カ月の息子を連れて、２０１２年11月、佐渡島へ向かった。一家の荷物は、スーツケース4つだけだった。

農地入手に「外国人」の壁

それから9年。右も左もわからない土地で始めたワイン造りは、今も決して順調とは言えない。しかし、ジャンマルクは悲観も悲嘆もしていない。まるで、舗装されていない凸凹の道をゆっくりと、楽しみながら歩んでいるかのようだ。

移住してすぐに始めたのは、ナチュラルワインを振る舞うワインビストロをオープンするための物件探し。60軒以上の物件を見て回り、ようやく見つけたのが海沿いの真野というエリアにある古民家だ。その店で出す野菜も自分たちで作ろうと、菜園も始めた。お店の改装と畑作りに1年ほどを費やし、２０１４年３月、ワインビストロ「La Barque de Dionysos（ラ バルク ドゥ ディオニゾス）」をオープン。店名は、ギリシャ神話に出てくる酒の神ディオニュゾスの船という意味だ。

店で料理の腕を振るうのは妻で、ジャンマルクは菜園でレタス、パセリ、なす、豆、トマト、ズッキーニ、かぼちゃ、ピーナッツなどを作りながら、ワインに使うブドウを育てるために土地を購入することにした。そこは山間の丘陵地で、日本のブドウ、甲州の苗木を

２５００本植える計画だった。苗木に実がなるまでには、だいたい３、４年かかる。あとは野菜作りをしながらのんびりブドウの成長を待つだけ……とはならなかった。ブドウ畑にしようとしていた土地の隣人が、外国人であるジャンマルクを歓迎しなかったのだ。

「お互いに分かり合うのは難しいと思ったから、その土地を買うのをやめたんだ」

ブドウ畑の確保は、想像以上に難航した。佐渡島には約１２７０ヘクタールの耕作放棄地がある（佐渡市「２０１５年農林業センサス」）。東京ドームで換算すると約２７１個分だから、かなりの広さだ。しかし、いくら土地が余っていると言っても、農地を外国人が購入するのは簡単ではない。住宅地と違い、農地の売買には農業委員会などの許可が必要とされる。農業以外の目的で取得されるのを防ぐための法律で、一般の日本人でもハードルが高い。本書に登場する富山県射水市の葉っぴーFarmでも、日本人の代表者がネパール国籍のダルマ・ラマに経営を引き継ぐ際、「前例がない」という理由でかなりの時間と手間を要したという（１６６ページ参照）。ジャンマルクも同じように「外国人」という壁に阻まれ続けた。

「日本で外国人が農地を買うのがどれだけ難しいのか、身に染みたよ。僕は、ワイン造りが大好きなんだ。それが何年もできないなんて、耐えられない。とんでもなく時間を浪費しているように感じて、佐渡島でワイン造りをするのはもうやめようと思ったこともあるよ。小さなビストロしかないから、経済的にも苦労した」

日本に移住してからも、時折、フランスに戻ってデンマーク人のパートナーとワインの醸造を続けていたが、それは仲間たちとワイン造りを楽しむための時間で、生活の基盤は佐渡島にある。その佐渡島で農地が手に入らないというストレスフルな状況を打開するために、ジャンマルクは「ネゴシアン」としての能力を発揮した。２０１７年、偶然が重なって知り合ったという北海道の「さっぽろ藤野ワイナリー」と組み、同ワイナリーが契約している余市町登地区の農場で育てられた無農薬栽培の生食用ブドウ「ナイアガラ」を使用した微発泡ワイン「Vin nouveau de Hokkaido くまコーラ」を造ったのだ。

このワインには、ジャンマルクならではの想いが込められている。ナイアガラは北海道での栽培の歴史が長く、作付面積も広いため、かつてはワインにも活用されてきた。しかし特徴的な香りと搾汁率が上がらないことで次第に醸造関係者はナイアガラを避けるようになり、近年は古木を伐採して他の品種を植えるところも出てきている。そこに着目した。

「ナイアガラを使ったのは、北海道では、オーガニックや無農薬栽培された醸造用の欧州系ブドウの入手が難しいという事情もあったんだ。でも、ワインは農産物だから、その土地にあるものを使って無駄にしないということも大事だよね。今まで醸造用の欧州系ブドウ以外でワインを造ろうとは思ってもみなかったけど、ナイアガラなら無農薬のものをなんとか手配できるかもしれないと言われた時に、造ってみようと思ったんだ」

ジャンマルクが日本で初めて造ったワイン「くまコーラ」がリリースされたのは、２０１８年1月。限定６００本で、関係者と一部の酒店に配られて終わったが、日本のワイナリーとのコラボレーションに大きな手ごたえを感じたという。

「見ず知らずだったにもかかわらず、社長をはじめスタッフの皆さんが快く受け入れてくれた。若くて有能な醸造責任者、浦本（忠幸）君と一緒に仕事ができたことも素晴らしい経験だったね。初めてナイアガラというブドウを扱ったけれど、嫌われる部分を出にくくし、気軽に楽しんでもらえるようなワインにしたかった。期待以上の反響があったから満足だったよ」

藤野ワイナリーと3年続けて「くまコーラ」を造ったジャンマルクは、２０１９年より、アメリカ人の醸造家、ブルース・ガットラヴさんが営む「10R（トアール）ワイナリー」（岩見沢市栗沢町）とのコラボもスタート。２０１９、２０２０年と北海道で収穫されたブドウ「セイベル」を使った「そらち ＳＰＡＲＫ」が発売された。２０２０年に造った２

０００本のうちジャンマルクが買い取った１０００本は、告知から２日も経ずに完売した。

「１ａプロジェクト」始動

北海道でのコラボは充実したものだったが、ジャンマルクは「佐渡島でワイン造りをしたい」という想いが強かった。他人が育てたブドウを使い、他人の醸造所でワインを造る時には、そこの流儀に合わせなくてはならない。それは新しい刺激や学びにはなるものの、自分のブドウで自由にワインを造る時ほどの楽しさは得られないという。加えて、佐渡島で長く暮らしているうちに島の生活に愛着が深まり、なるべく佐渡島で過ごしたいと思うようになっていた。

２０１９年、佐渡島でワインを造るために、北海道の仕事と並行してユニークな活動を始めた。農業のプロかどうかは問わず、ワインに興味があり、自分たちも醸造用ブドウを作ってみたいという佐渡島の仲間とアソシエーションを結成し、自宅の庭先や農地の一部などあちこちで少しずつブドウを植えてもらう「１ａ《アール》プロジェクト」。

これは、佐渡島で年々増えている耕作放棄地を見て島の高齢者が悲しんでいること、80歳、90歳の高齢者でも庭先で花や野菜を育てていることに気づいて思いついたアイデア。

それなら、一緒にブドウの樹を育ててもらおうというプロジェクトである。現在、参加しているメンバーは６人で、なかには佐渡島のＪＡ（農業協同組合）の関係者や、日本人の妻を持ち、佐渡島で米作りを始めたイタリア人もいて、全員が「とてもいいアイデアだ」と盛り上がっているという。将来的には、ぜんぶで20アール（約２０００平方メートル）ほどの土地にブドウを植え、みんなで収穫し、ジャンマルクが佐渡島産のワインを造る計画だ。

「このアソシエーションは、誰でもウェルカムなんだ。庭先にブドウの苗を10本植えるだけでもいい。地域の人たちが共通の目標を持ち、一緒に活動をしながら、佐渡島のワインを造る。そして、祭りの時にワインのボトルを開ける。それはきっとみんなにとって誇りになると思うんだ。このワイン造りが実現したら、若い人たちも手伝いに来てくれるかもしれない。１ａプロジェクトの目的は、大金を稼ぐことじゃない。地域の人々が喜ぶような、経済的に小さなネットワークを作ることがゴールなんだ」

この活動こそ、ジャンマルクの哲学をよく表している。彼は「日本のワインは高すぎる」と言う。それは国産ワインの消費量が増えるにつれてワイナリーが増え（２０１７年の２８３場から２０１９年には３３１場に増加／「国内製造ワインの概況」国税庁課税部酒税課）、ワインの苗木が不足し、高騰していることも影響している。日本では苗木が1本数千円することも珍しくないが、フランスでは1本300円程度だという。

ジャンマルクにとって、ワインはかしこまって飲むものではなく仲間たちと気軽に飲むもので、楽しい時間を演出してくれるおいしいワインこそ、いいワインだと思っている。しかし、日本にはそういうワインが少ない。今はブームかもしれないが、高いワインばかりだといずれ消費者に選ばれなくなる可能性だってある。日本にも、誰もが手にしやすい価格のワインが必要だから、自分たちで造ろう。でも、ひとりで高い苗木や土地を確保するのは難しいから、みんなで力を合わせよう。そしてワインが完成したらみんなで乾杯しようと考えているのだ。

「日本の大地の力はとても強い」

本書に登場した人たちを見てもわかるように、農業界で注目を集める人は、作物自体に高付加価値をつけるか、人気商品を生み出すことで売り上げを伸ばしていることが多い。一方のジャンマルクは地域を巻き込んで安くて飲みやすいワインを造り、住民のネットワークを拡げようとしている。どちらがいい、悪いではないし、ジャンマルクのやり方が成

自宅の農園では様々な野菜、果物と一緒にブドウを育てている

功するのかどうかもわからないが、フランスで天才と呼ばれた醸造家が、佐渡島で新しい風を吹かせていることは間違いない。

「1aプロジェクト」は、まだそれほど進展していない。そこには、理由がある。1年ほど前、いくつかの事情が重なり、ジャンマルクは自宅を離れ、里山にある古民家を購入してひとりで住み始めた。そこは比較的新しい空き家だったが、住みよいようにあちこちに手を入れ、生活が落ち着くまでにある程度の時間がかかった。ここ数カ月でようやく余裕ができて、これから「1aプロジェクト」を再稼働させるという。自宅の農園には、冒頭に記したようにたくさんの野菜と一緒にブドウの樹を植えた。これは、「日本に適したブドウの育て方」を探る実験だ。

「日本の大地の力は、とても強い。草がどこにでも生えてるし、伸びるのが早く、すぐに大きくなる。佐渡島に来て、無尽蔵に生えてくる草を見た時には、フランスに帰りたくなったよ（笑）。フランスでは見たことのない風景だ。このすごいパワーがブドウに集中しすぎないように、フルーツや野菜を一緒に育てているんだよ。日本のワイン農家はヨーロッパやカリフォルニアのモデルをコピーするような栽培やワイン造りが多いけど、気候や気温も含めて、日本はまったく違う。だから、日本に合ったやり方を探してるんだ」

　土壌の栄養素が偏らないように、野菜は毎年、隣の畝に移動させる。この環境でブドウを育てることで、どんな変化が起きるのか、なにも起きないのか、誰もわからない。フランスのワイン業界で異端児だった男は、日本でも変わらず、人と違う道を歩もうとしているのだ。日本にはフランスのＡＯＣのような規制がないため、ブドウの種類の選別、栽培、醸造までジャンマルクの創造力をフルに発揮できる環境にある。フランスの天才醸造家が腕を振るう佐渡島産のワインを飲みたいと思うのは、日本人だけではないだろう。

　もしこの栽培方法がうまくいったら、と想像してみる。間違いなく、日本のワイナリーのなかで、影響を受けるところも出てくるだろう。大地のパワーを受け止め、野菜やフルーツがにぎやかに共生するブドウ園がいろいろなところにできたら、それはワクワクする光景だ。ほかの地域でも「１ａプロジェクト」が始まって、庭先や空き地、耕作放棄地でブドウと野菜、フルーツがたわわに実っている景色も見てみたい。そのノウハウは、ジャンマルクが教えてくれる。

「自然やそこで働く人に配慮した農業をしているところであれば、私も自分の経験や知識をシェアしながら、一緒にこれからの農業、ワイン造りのあり方を考えたい。フランスにあるようなワイン造りのすべてを学べる職業訓練校のような場所を佐渡に作れたらいいね」

おわりに

文藝春秋の打ち合わせ用ラウンジで、前著『農業新時代 ネクストファーマーズの挑戦』の担当編集者、前島さんから「第二弾、やりましょう」と言われた日が忘れられない。文藝春秋を出てすぐ、僕は人目を気にせずに何度もガッツポーズをした。

その第二弾となる本書をまとめる時、僕が常に意識していたのは、読者の「顔」だ。僕は、２０１９年10月に発売された『農業新時代』を文藝春秋より仕入れ、発売から半年ほどで約２５０冊を手売りした。東京だけでなく、京都、兵庫、宮崎などの地方でもイベントを開催し、その際に持参した本を自分で売ったのだ。

僕は、それを「本の行商」と呼んだ。なぜ行商をしたのかといえば、どんな人が僕のイベントに参加し、本を手に取ってくれるのかを知りたかったからだ。書籍を出版しても、書店で売られている分には、性別や年齢層など購入者の情報は一切わからない。僕は読者の「顔」を見たかった。

約２５０冊を手売りしてわかったのは、男女を問わず30代から40代の関心が非常に高いということだった。そのなかにはすでに農業に携わっている人もいたし、一般企業に勤めているビジネスパーソンも多かった。共通していたのは、ネクストファーマーズたちの哲学や生き方に興味を抱いていたこと。農業は、きつい、汚い、かっこ悪い、稼げない、結婚できないという5つの言葉の頭文字をとった「5K」と呼ばれ、一般的には決して魅力的な仕事とは思われていない。しかし、イベントや書籍を通してそういったネガティブな印象を吹き飛ばすパワーと魅力を持つ人たちの存在を知り、「農業って面白そう！」「農業ってまだまだ可能性あるじゃん！」と感じてくれたという確かな手ごたえがあった。

その時、僕は「5K」の分厚い壁に小さな穴が開いて、爽やかな風が吹き込み始めたような気がした。その風は、農業のイメージを変えるだけじゃなく、農業を仕事にしている人たちにとっても、なにかしらのヒントや刺激をもたらすはずだ。長く閉めきって、ジメジメとした部屋の扉と窓を一気に開け放つように、その穴をもっともっと拡げて、フレッシュな風を広く行き渡らせたいと思って書いたのが、本書である。

「越境」をテーマにした本書に登場する11人は、前著に勝るとも劣らないインパクトと魅力を持っていると自負している。多様なバックグラウンドを持つネクストファーマーズが農業という広大なフィールドで何度も躓《つまず》き、あるいは壁に阻まれながらも、抜群の行動力で独自のアイデアを形にしてゆく姿は、取材をしていて痛快だった。彼らの暗中模索、試行錯誤はきっと、農業関係者はもちろん、農業以外のビジネスに携わる人にとっても勇気や励みになると思う。

この原稿の執筆時点ではコロナがまだ終息しておらず、いろいろ難しい時期ではあるけれど、僕は全国にこの「風」を届けるため、また行商に出るつもりだ。重そうなスーツケースを引っ張り歩く僕を見かけたら、声をかけてほしい。農業について、ネクストファーマーズについて語り合いましょう。読者の皆さんとの出会いを心待ちにしています。

本書は経済メディア「NewsPicks」に掲載された5本の記事、「PRESIDENT Online」に掲載された1本の記事、経済誌『週刊東洋経済』に掲載された1本の記事を大幅に加筆修正したものと、新たに取材、執筆をした3本の記事で構成されています。各メディアの担当編集者の皆さん、そしてすべての記事を見事な形で編集し、世に送り出してくれた文藝春秋の新書編集長、前島篤志さんに厚く御礼申し上げます。

ジャンマルク・ブリニョさんの取材時の通訳をはじめ、いつも困った時に手を差し伸べてくれる妻、川内有緒と、どんな時も抜群の笑顔で元気をくれる娘のナナオにも最高の感謝を。

最後に、本書に登場してくれた皆さん。僕にとってすべての取材が忘れ難く、思い出深いです。皆さんの話を聞いて、何度も手に汗を握り、心が震えました。改めて、取材にご協力頂き、ありがとうございました。農業の果てしないポテンシャルを実感した旅路でした。再会の日を心待ちにしています。

令和3年9月吉日

稀人ハンター　川内イオ

初出一覧

NewsPicks

加藤百合子（エムスクエア・ラボ）：東大卒ＮＡＳＡ経由、課題解決のプロが挑む「農業流通革命」

三浦綾佳（ドロップファーム）：履歴書が続々届くトマト農園。全員女性、残業ゼロで急成長

宮城盛彦、小田哲也（みやぎ農園）：【沖縄発】ブータンを驚嘆させた「養鶏育成率98％」の秘密

野口憲一（野口農園）：海外でも売れる1本５０００円のレンコン、誕生秘話

松本靖治（京都おぶぶ茶苑）：「サブスク」茶園の仕掛人、ツーリズムで過疎地を変える

PRESIDENT Online

倉田浩伸（クラタペッパー）：「借金６０００万円でゼロから農業」カンボジアで〝世界一の胡椒〟を作る日本人のあり得ない半生

週刊東洋経済

串間充崇（ムスカ）：ハエと一緒に苦節20年！　環境を救う新しい技術

川内イオ（かわうち いお）

稀人ハンター、フリーライター。1979年生まれ、千葉県出身。広告代理店勤務を経て、2003年よりフリーライターとして活動開始。2006年バルセロナに移住し、2010年に帰国。編集者としてビジネス誌編集部などで勤務後、2013年より再びフリーランスに。現在は「規格外の稀な人」を追う稀人ハンターとして全国を巡り、多数のメディアに寄稿。著書に『農業新時代　ネクストファーマーズの挑戦』（文春新書）、『1キロ100万円の塩をつくる　常識を超えて「おいしい」を生み出す10人』（ポプラ新書）など。

文春新書

1336

農業《のうぎよう》フロンティア
越境《えつきよう》するネクストファーマーズ

2021年10月20日　第1刷発行

著　者　川　内　イ　オ
発行者　大　松　芳　男
発行所　株式会社　文　藝　春　秋

〒102-8008　東京都千代田区紀尾井町3-23
電話（03）3265-1211（代表）

印刷所　大日本印刷
製本所　加藤製本

定価はカバーに表示してあります。
万一、落丁・乱丁の場合は小社製作部宛お送り下さい。
送料小社負担でお取替え致します。

ISBN978-4-16-661336-6

文春新書

◆経済と企業

金融工学、こんなに面白い　野口悠紀雄
リープフロッグ　野口悠紀雄
臆病者のための株入門　橘 玲
臆病者のための億万長者入門　橘 玲
熱湯経営　樋口武男
先の先を読め　樋口武男
就活って何だ　森 健
資産フライト　山田 順
ビジネスパーソンのための契約の教科書　福井健策
ビジネスパーソンのための企業法務の教科書　西村あさひ法律事務所編
ブラック企業　今野晴貴
ブラック企業2　今野晴貴
税金 常識のウソ　神野直彦
売る力　鈴木敏文
日本型モノづくりの敗北　湯之上隆
詐欺の帝王　溝口 敦

さらば！ サラリーマン　溝口 敦
トヨタ生産方式の逆襲　鈴村尚久
グローバリズムが世界を滅ぼす　エマニュエル・トッド ハジュン・チャン 柴山桂太・中野剛志・藤井聡・堀茂樹
税金を払わない巨大企業　富岡幸雄
消費税が国を滅ぼす　富岡幸雄
あなたの隣のモンスター社員　石川弘子
新自由主義の自滅　菊池英博
安売り王一代　安田隆夫
働く女子の運命　濱口桂一郎
人工知能と経済の未来　井上智洋
「公益」資本主義　原 丈人
お祈りメール来た、日本死ね　海老原嗣生
2040年全ビジネスモデル消滅　牧野知弘
生き返るマンション、死ぬマンション　荻原博子
最強の相続　荻原博子
ルポ 税金地獄　朝日新聞経済部
日本株式会社の顧問弁護士　児玉 博
自動車会社が消える日　井上久男

日産vs.ゴーン　井上久男
新貿易立国論　大泉啓一郎
世界史を変えた詐欺師たち　東谷 暁
日銀バブルが日本を蝕む　藤田知也
AIが変えるお金の未来　坂井隆之・宮川裕章＋毎日新聞フィンテック取材班
なぜ日本の会社は生産性が低いのか？　熊野英生
会社員が消える　大内伸哉
キャッシュレス国家　西村友作
農業新時代　川内イオ
総会屋とバブル　尾島正洋
吉本興業の約束　大﨑 洋 坪田信貴

◆世界の国と歴史

ローマ人への20の質問　塩野七生
歴史とはなにか　岡田英弘
常識の世界地図　21世紀研究会編
食の世界地図　21世紀研究会編
新・民族の世界地図　21世紀研究会編
カラー新版 地名の世界地図　21世紀研究会編
フランス7つの謎　小田中直樹
一杯の紅茶の世界史　磯淵 猛
新約聖書Ⅰ　新共同訳 佐藤 優解説
新約聖書Ⅱ　新共同訳 佐藤 優解説
佐藤優の集中講義 民族問題　佐藤 優
池上彰の宗教がわかれば世界が見える　池上 彰
池上彰の「ニュース、そこからですか!?」　池上 彰
新・戦争論　池上 彰 佐藤 優
大世界史　池上 彰 佐藤 優
新・リーダー論　池上 彰 佐藤 優

第一次世界大戦はなぜ始まったのか　別宮暖朗
イスラーム国の衝撃　池内 恵
「ドイツ帝国」が世界を破滅させる　エマニュエル・トッド 堀 茂樹訳
シャルリとは誰か？　エマニュエル・トッド 堀 茂樹訳
問題は英国ではない、EUなのだ　エマニュエル・トッド 堀 茂樹訳
中国4・0　エドワード・ルトワック 奥山真司訳
戦争にチャンスを与えよ　エドワード・ルトワック 奥山真司訳
日本4・0　エドワード・ルトワック 奥山真司訳
21世紀 地政学入門　船橋洋一
地経学とは何か　船橋洋一
熱狂する「神の国」アメリカ　松本佐保
ドナルド・トランプ　佐藤伸行
大学入試問題で読み解く「超」世界史・日本史　片山杜秀
ベートーヴェンを聴けば世界史がわかる　片山杜秀
戦争を始めるのは誰か　渡辺惣樹
第二次世界大戦 アメリカの敗北　渡辺惣樹
米中激突　陳 破空 山田智美訳
知立国家 イスラエル　米山伸郎

1918年最強ドイツ軍はなぜ敗れたのか　飯倉 章
人に話したくなる世界史　玉木俊明
トランプ ロシアゲートの虚実　小川 聡 東 秀敏
世界史の新常識　文藝春秋編
ヘンリー王子とメーガン妃　亀甲博行
コロナ後の世界　ジャレド・ダイアモンド ポール・クルーグマン リンダ・グラットン マックス・テグマーク スティーブン・ピンカー スコット・ギャロウェイ 大野和基編
パンデミックの文明論　ヤマザキマリ 中野信子
盗まれたエジプト文明　篠田航一
歴史を活かす力　出口治明

品切の節はご容赦下さい

◆考えるヒント

民主主義とは何なのか　長谷川三千子
寝ながら学べる構造主義　内田 樹
私家版・ユダヤ文化論　内田 樹
勝つための論文の書き方　鹿島 茂
成功術 時間の戦略　鎌田浩毅
世界がわかる理系の名著　鎌田浩毅
ぼくらの頭脳の鍛え方　立花 隆・佐藤 優
知的ヒントの見つけ方　立花 隆
日本人へ リーダー篇　塩野七生
日本人へ 国家と歴史篇　塩野七生
日本人へ 危機からの脱出篇　塩野七生
日本人へ IV 逆襲される文明　塩野七生
イエスの言葉 ケセン語訳　山浦玄嗣
聞く力　阿川佐和子
叱られる力　阿川佐和子
「強さ」とは何か。　宗 由貴・監修　鈴木義孝・構成

何のために働くのか　寺島実郎
日本人の知らない武士道　アレキサンダー・ベネット
女たちのサバイバル作戦　上野千鶴子
迷わない。　櫻井よしこ
サバイバル宗教論　佐藤 優
サバイバル組織術　佐藤 優
無名の人生　渡辺京二
生きる哲学　若松英輔
脳・戦争・ナショナリズム　中野剛志・中野信子・適菜 収
無敵の仕事術　加藤 崇
不平等との闘い　稲葉振一郎
70歳！　五木寛之・釈 徹宗
歎異抄 救いのことば　釈 徹宗
プロトコールとは何か　寺西千代子
珍樹図鑑　小山直彦
それでもこの世は悪くなかった　佐藤愛子
知らなきゃよかった　池上 彰・佐藤 優
知的再武装 60のヒント　池上 彰・佐藤 優

死ねない時代の哲学　村上陽一郎
コロナ後の世界　ジャレド・ダイアモンド　ポール・クルーグマン　リンダ・グラットン　マックス・テグマーク　スティーブン・ピンカー　スコット・ギャロウェイ　大野和基編
スタンフォード式 お金と人材が集まる仕事術　西野精治

◆教える・育てる

幼児教育と脳　澤口俊之
語源でわかった！英単語記憶術　山並陞一
外交官の「うな重方式」英語勉強法　多賀敏行
女子御三家　桜蔭・女子学院・雙葉の秘密　矢野耕平
男子御三家　麻布・開成・武蔵の真実　矢野耕平
僕たちが何者でもなかった頃の話をしよう　山中伸弥・羽生善治・是枝裕和　山極壽一・永田和宏
続・僕たちが何者でもなかった頃の話をしよう　池田理代子・平田オリザ　彬子女王・大隅良典・永田和宏

◆サイエンス

世界がわかる理系の名著　鎌田浩毅
「大発見」の思考法　山中伸弥　益川敏英
粘菌　偉大なる単細胞が人類を救う　中垣俊之
ねこの秘密　山根明弘
ティラノサウルスはすごい　小林快次監修　土屋健
アンドロイドは人間になれるか　石黒浩
マインド・コントロール　岡田尊司
サイコパス　中野信子
植物はなぜ薬を作るのか　斉藤和季
超能力微生物　小泉武夫
秋田犬　宮沢輝夫
フレディ・マーキュリーの恋　竹内久美子
猫脳がわかる！　今泉忠明
ウイルスVS人類　瀬名秀明・押谷仁　五箇公一・岡部信彦・河岡義裕　大曲貴夫・NHK取材班